T0208518

essentials

essentials liefern aktuelles Wissen in konzentrierter Form. Die Essenz dessen, worauf es als „State-of-the-Art" in der gegenwärtigen Fachdiskussion oder in der Praxis ankommt. *essentials* informieren schnell, unkompliziert und verständlich

- als Einführung in ein aktuelles Thema aus Ihrem Fachgebiet
- als Einstieg in ein für Sie noch unbekanntes Themenfeld
- als Einblick, um zum Thema mitreden zu können

Die Bücher in elektronischer und gedruckter Form bringen das Expertenwissen von Springer-Fachautoren kompakt zur Darstellung. Sie sind besonders für die Nutzung als eBook auf Tablet-PCs, eBook-Readern und Smartphones geeignet. *essentials:* Wissensbausteine aus den Wirtschafts-, Sozial- und Geisteswissenschaften, aus Technik und Naturwissenschaften sowie aus Medizin, Psychologie und Gesundheitsberufen. Von renommierten Autoren aller Springer-Verlagsmarken.

Weitere Bände in der Reihe http://www.springer.com/series/13088

Christian Langmann

Digitalisierung im Controlling

Christian Langmann
Hochschule München
München, Deutschland

ISSN 2197-6708   ISSN 2197-6716   (electronic)
essentials
ISBN 978-3-658-25016-4   ISBN 978-3-658-25017-1   (eBook)
https://doi.org/10.1007/978-3-658-25017-1

Die Deutsche Nationalbibliothek verzeichnet diese Publikation in der Deutschen Nationalbibliografie; detaillierte bibliografische Daten sind im Internet über http://dnb.d-nb.de abrufbar.

Springer Gabler

Springer Gabler ist ein Imprint der eingetragenen Gesellschaft Springer Fachmedien Wiesbaden GmbH und ist ein Teil von Springer Nature
Die Anschrift der Gesellschaft ist: Abraham-Lincoln-Str. 46, 65189 Wiesbaden, Germany

Was Sie in diesem *essential* finden können

- Detaillierter Überblick über die Auswirkungen der Digitalisierung auf das Controlling
- Konkrete Einsatzmöglichkeiten neuer Digitalisierungstechnologien in zentralen Controlling-Prozessen, wie dem Reporting und der Planung/Forecasting
- Künftige Veränderungen von Rolle, Organisation und IT im Controlling hervorgerufen durch die Digitalisierung
- Modell zur Selbstbestimmung des eigenen Reifegrads der Digitalisierung im Controlling

Für meine Familie

Inhaltsverzeichnis

Abkürzungsverzeichnis

AUC	Area under curve
BI	Business Intelligence
CDO	Chief Digital Officer
CFO	Chief Financial Officer
CRM	Customer Relationship Management
DWH	Data Warehouse
ERP	Enterprise-Resource-Planning
FTE	Full Time Equivalents
IT	Informationstechnologie
KMU	Kleine und mittlere Unternehmen
KPI	Key Performance Indicator
M&A	Mergers & Acquisitions
MS	Microsoft
OCR	Optical Character Recognition
ROC	Receiver Operating Characteristic
RPA	Robotic Process Automation
SaaS	Software as a Service
SSC	Shared Service Center

Einleitung

1

Die Digitalisierung ist derzeit eines der meist diskutierten Themen in Presse, Unternehmenspraxis und Wissenschaft. Eine aktuelle Studie der Boston Consulting Group zeigt, dass gerade deutsche Unternehmen zu wenig in die Digitalisierung investieren, um wettbewerbsfähig zu bleiben.[1] Dabei zeigen erste empirische Studien, dass der Einsatz von modernen Technologien der Digitalisierung sich positiv auf den Unternehmenserfolg auswirkt.[2]

Doch die Auswirkungen der Digitalisierung auf die verschiedenen Branchen und darin befindlichen Unternehmen sind sehr unterschiedlich. Mit hoher Intensität werden die Technologien der Digitalisierung insbesondere auf Konzerne und große Mittelständler aus Branchen mit großen Kundenbeständen (z. B. Versicherungen, Energieversorger), vielen Transaktionsbewegungen (z. B. Banken) oder schnellen Kundenbewegungen (z. B. Telekommunikation) einwirken. Doch auch in bisher nicht im Fokus stehenden Branchen und in kleinen und mittleren Unternehmen (KMUs) werden die Technologien der Digitalisierung in den nächsten Jahren vermehrt in der Fläche zum Einsatz kommen. Der einfache und kostengünstige Zugang ist nur ein Grund hierfür.

Die Auswirkungen der Digitalisierung betreffen dabei zahlreiche Bereiche der Wertschöpfungskette eines Unternehmens, von der Beschaffung über die Produktion bis hin zum Vertrieb. Auch administrative Funktionsbereiche der Verwaltung, wie z. B. Human Resources, Buchhaltung oder Controlling sind von den neuesten Technologien der Digitalisierung direkt oder indirekt betroffen.

---

[1]Vgl. Boston Consulting Group (2018).

[2]Vgl. Chaea et al. (2014).

© Springer Fachmedien Wiesbaden GmbH, ein Teil von Springer Nature 2019
C. Langmann, *Digitalisierung im Controlling,* essentials,
https://doi.org/10.1007/978-3-658-25017-1_1

Durch seine Funktion als Informationslieferant, Entscheidungsunterstützer und Business Partner ist das Controlling eine der wichtigsten Ansprechpartner für das Management eines Unternehmens. Die künftigen Herausforderungen und Auswirkungen der Digitalisierung auf das Controlling werden daher derzeit intensiv von Wissenschaftlern und Praktikern diskutiert.[3] Beispielsweise schreiben Michel und Tobias (2017)

> Wir sehen das Controlling durch die Digitalisierung vor einem radikalen Wandel, dem vielleicht radikalsten, den es je gesehen hat (Michel und Tobias 2017, S. 38).

Ähnlich sehen es Schäffer und Weber (2016) und notieren:

> Wir sind davon überzeugt, dass die Digitalisierung auch das Controlling grundlegend verändern wird (Schäffer und Weber 2016, S. 9).

Die Digitalisierung wirkt sich dabei mannigfaltig auf das Controlling aus. Neben den zentralen Controlling-Prozessen, wie der Planung oder dem Reporting, sind sowohl IT-Systeme als auch die Rollen und die Organisation des Controllings von der Digitalisierung betroffen.

Das vorliegende Buch gibt einen strukturierten Überblick über die Auswirkungen der Digitalisierung auf das Controlling. Im nachfolgenden Kapitel wird zunächst die Digitalisierung als Begriff und die damit verbundenen Technologien vorgestellt. In Kap. 3 geht das Buch dann darauf ein, wie sich diese Technologien auf die verschiedenen Bereiche des Controllings auswirken. Dabei wird zunächst die durch die Digitalisierung induzierte Veränderung der zentralen Controlling-Prozesse diskutiert. An verschiedenen Praxisbeispielen wird dabei erläutert, wie Big Data, Predictive Analytics oder Machine Learning sinnvoll in Controlling-Prozessen wie der Planung oder dem Reporting eingesetzt werden können. Anschließend stehen die Auswirkungen der Digitalisierung auf die IT-Systeme im Controlling im Mittelpunkt. Im weiteren Verlauf werden die Folgen der Digitalisierung für die Aufbau-Organisation des Controllings beleuchtet. Aktuelle Entwicklungen, wie die Rolle des Data Scientists oder Data Labs als neue Organisationseinheit, werden hierbei aufgegriffen. Am Ende von Kap. 3 stehen die Veränderungen des Rollenmodells im Controlling im Vordergrund, welche durch die Digitalisierung hervorgerufen werden. Mit dem in Kap. 4 vorgestellten Reifegradmodell können Unternehmen sich einordnen, wo sie

---

[3]Hierzu beispielsweise Schäffer und Weber (2016) oder Michel und Tobias (2017).

heute bei der Digitalisierung des Controllings stehen. Kap. 5 fasst die vorgestellten Erkenntnisse zusammen und gibt einen Ausblick.

Im gesamten Buch werden neue Erkenntnisse aus der Controlling-Literatur aufgegriffen, ergänzt um aktuelle Beispiele aus der Unternehmenspraxis sowie der langjährigen Erfahrung des Autors als Unternehmensberater, Chief Financial Officer und Professor für Controlling.[4]

---

[4]Bei allen im Text angesprochenen IT-Lösungen handelt es sich um eine frei vom Autor getroffene Auswahl, die nach Meinung des Autors aktuell am Markt präsent sind. Hiermit soll keinerlei Empfehlung abgegeben werden oder eine Aussage über die Qualität der IT-Lösungen getroffen werden.

Zentrale Begriffe der Digitalisierung

Vereinfacht ausgedrückt bezeichnet Digitalisierung den Vorgang, „…analoge Leistungserbringung durch Leistungserbringung in einem digitalen, computer-handhabbaren Modell ganz oder teilweise…"[1] zu ersetzen. So verstanden ist die Digitalisierung eines der zentralsten Themen heute für Unternehmen und für das Controlling im Speziellen. In der Praxis wird die Digitalisierung dabei immer wieder mit einer Reihe von Begriffen in Verbindung gebracht. Besonders prominent sind hierbei Big Data, Business Analytics, Robotic Process Automation (RPA) und Machine Learning. Die nachfolgenden Abschnitte führen daher zunächst in diese Begriffe ein.

Big Data beschreibt vereinfacht große Menge an Daten, die schnell generiert werden, sich schnell ändern und eine Vielfalt bzw. unterschiedliche Formate aufweisen können (z. B. Texte, Sensorik-Daten, Fotos). Zur Extraktion, Speicherung, Distribution und Analyse sind moderne Analysemethoden und -techniken notwendig (z. B. Sentiment-Analysen für Stimmungen in sozialen Netzwerken). Finanzverantwortliche attestieren Big Data und Analytics eine hohe Relevanz für das Controlling. Der tatsächliche Realisierungsgrad ist aktuell allerdings noch auf einem eher geringen Stand.[2]

Die Einsatzmöglichkeiten von Big Data im Controlling sind vielfältig. In der Praxis gibt es Beispiele zu Absatz-Forecasts, in die Big Data (z. B. Ergebnisse von Sentiment-Analysen) integriert wurde, um dadurch einen aussagekräftigeren und stets aktuellen Forecast zu erhalten (Abschn. 3.2.3). Mit Big Data lassen sich aber auch aktuelle Markttrends verfolgen (z. B. Nennungen von bestimmten

---

[1]Wolf und Strohschen (2018, S. 58).

[2]Vgl. Grönke und Heimel (2014).

© Springer Fachmedien Wiesbaden GmbH, ein Teil von Springer Nature 2019
C. Langmann, *Digitalisierung im Controlling,* essentials,
https://doi.org/10.1007/978-3-658-25017-1_2

Technologien in der Fachpresse), die dann wiederum Eingang in die strategische und damit in die Langfristplanung des Controllings finden.

Im Folgenden wird **Business Analytics** verstanden als Anwendung von statistischen Analysemodellen und entsprechenden Algorithmen auf Daten, die meist mehreren unterschiedlichen Quellen entstammen, um datenbasiert unternehmensrelevante Problemstellungen zu lösen und die Entscheidungsfindung zu unterstützen. Abhängig von der zeitlichen Perspektive lassen sich dabei einige Varianten von Business Analytics unterscheiden. Beispielsweise haben Descriptive Analytics eher Vergangenheitsbezug und beantworten die Frage, was geschehen ist. Predictive Analytics ist zukunftsbezogen und versucht dagegen aufzuzeigen, was passieren könnte, will also künftige Ereignisse prognostizieren, was zweifelsohne auf größeres Interesse bei Entscheidern trifft.[3]

Umfragen bestätigen den Nutzen von Business Analytics aus Praxissicht. So sind Unternehmen der Ansicht, durch moderne Analytics-Methoden die Planbarkeit und den Umsatz steigern zu können.[4] Anwendungsbeispiele in der Praxis gibt es zahlreich. Beispielsweise werden Zahlungseingänge mit Hilfe von Regressionen oder Decision Trees unter Einbezug von Kundenmerkmalen wie historisches Zahlungsverhalten, Branche, Größe oder Art und Dauer der Kundenbeziehung prognostiziert. Auch zur Prognose der Entwicklung von Rohstoffpreisen unter Berücksichtigung verschiedener Marktfaktoren (z. B. Konjunkturbarometer, Wechselkurse) werden Predictive-Analytics-Modelle verwendet.

RPA bezeichnet Software-Roboter, die wiederkehrende und regelbasierte Prozessschritte im Rahmen von Geschäftsprozessen oft über mehrere Systeme hinweg selbstständig automatisiert ausführen und dabei die menschliche Interaktion nachahmen. Somit ist die Voraussetzung für die Anwendung von RPA das Vorliegen von srukturierten, sich wiederholenden und regelbasierten Prozessen, die gerade beim Daten-Management im Controlling vermehrt vorkommen.

Im Finanzbereich finden sich mehrere Anwendungsbeispiele für RPA. Beispielsweise kann die Rechnungsbearbeitung in der Kreditorenbuchhaltung durch RPA automatisiert werden. Hier erkennt der Robot eingehende Rechnungen (unterstützt durch OCR oder eRechnung), prüft die Rechnung (sachlich und formal), interagiert mit Ansprechpartnern bei unklaren Ergebnissen, ordnet die Rechnung einem Auftrag

---

[3]Vgl. Lanquillon und Mallow (2015).
[4]Vgl. Iffert et al. (2016).

zu, verbucht die Rechnung und veranlasst die Zahlung (nach Freigabe). Als speziel-
les IT-Tool zur automatischen Rechnungsbearbeitung sei *Intac* genannt.[5]

Laut der Goethe-Universität Frankfurt hat ein elektronischer Rechnungsprozess
im Vergleich zu einem manuell-papierbasierten Rechnungsprozess Einsparpotenziale
bei der Bearbeitungsdauer pro Rechnung in Höhe von ca. 40–60 %.[6] Als weite-
res Beispiel für den Einsatz von RPA kann der Bestellprozess dienen. Hier legt
der Roboter die Bestellung an, prüft diese und gibt sie nach vordefinierten Regeln
(z. B. Bestellhöhe, Warengruppe) direkt frei oder leitet sie an den zuständigen
Controller weiter. Auch für den Einsatz von RPA im Reporting gibt es Beispiele
(Abschn. 3.2.2.2). Durch die hohe Bedeutung, welche CFOs automatisierten Prozessen im Finanzbereich zuschreiben, dürfte die Verbreitung von RPA in der Zukunft
weiter zunehmen.[7]

Als **Machine Learning** werden selbstlernende Algorithmen bezeichnet,
die Erkenntnisse aus Daten extrahieren und daraus gesetzmäßige Zusammenhänge ableiten, um anschließend auf dieser Basis entsprechende Vorhersagen für
unbekannte Daten treffen zu können. Ein Anwendungsbeispiel für den Einsatz
von Machine Learning im Controlling ist die Prognose des Zahlungsverhaltens
von Kunden. Aus einer Vielzahl möglicher Einflussfaktoren (z. B. historisches
Zahlungsverhalten, Postleitzahl, Nutzung von Social-Media-Netzwerken) auf
das Zahlungsverhalten von Kunden erlernt der Algorithmus mit fortschreitender
Datenverarbeitung, welche Einflussfaktoren mit welcher Gewichtung die Prognose
eines Zahlungsausfalls am Genauesten vorhersagen können. Das Prognosemodell
wird sozusagen mit fortschreitender Datenverarbeitung so lange angepasst, bis es
die höchste Prognosegüte liefert.

Abb. 2.1 setzt die oben vorgestellten Begriffe der Digitalisierung in einen
logischen Zusammenhang. Hierbei bildet Big Data zusammen mit den klassischen Unternehmensdaten (z. B. transaktionale Daten aus Finanzsystemen) die
Datengrundlage für alle weiteren Analysen, die Unternehmen oftmals in einem
eigenen Data Warehouse halten. Um die Daten aktuell zu halten und deren Qualität sicherzustellen, Bedarf es einer fortlaufenden Beschaffung, Bereinigung,
Aufbereitung und Pflege der Daten, wofür ein dediziertes Daten-Management
(Abschn. 3.3.1) notwendig ist. Da es sich beim Daten-Management mehrheitlich
um wiederkehrende Prozesse handelt, bietet sich der Einsatz von RPA an.

---

[5]Vgl. www.intac.io.

[6]Vgl. König et al. (2015).

[7]Zur Bedeutung von automatisierten Prozessen bei CFOs vgl. Grönke et al. (2018).

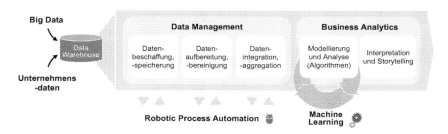

Abb. 2.1 Zusammenhang Big Data, Business Analytics, RPA und Machine Learning

Erst nach Bereitstellung analysefähiger Daten lassen sich Business-Analytics-Methoden anwenden, durch die unternehmensrelevante Fragestellungen datenbasiert mithilfe statistischer Algorithmen und Modelle beantwortet werden können. Machine Learning hilft dabei, die zuvor berechneten Analytics-Modelle zu erweitern bzw. kontinuierlich anzupassen, indem auf Basis aktueller Daten fortlaufend selbstlernende Algorithmen angewendet werden.

Auswirkungen der Digitalisierung auf das Controlling

3

3.1 Überblick über Wirkungsfelder der Digitalisierung im Controlling

Um die Auswirkungen der eben beschriebenen Technologien der Digitalisierung auf das Controlling zu betrachten, bietet es sich an, zunächst das Controlling in verschiedene Felder zu unterteilen. Ein bewährtes Modell hierfür ist die in Abb. 3.1 gewählte Struktur mit den Wirkungsfeldern Prozesse, IT-Systeme, Organisation und Rolle.

Die vier Felder decken wesentliche Aspekte des Controllings ab und dienen im Folgenden als Grundrahmen zur Analyse der Auswirkung der Digitalisierung auf das Controlling. Wie sich die Digitalisierung auf den Ablauf und die Ausgestaltung zentraler Controlling-Prozesse auswirkt, wird in Abschn. 3.2 am Beispiel der Prozesse Planung und Reporting erläutert. Anschließend widmet sich Abschn. 3.3 der IT-Systemlandschaft im Controlling und zeigt auf, wie sich diese durch die Digitalisierung verändert. In Abschn. 3.4 stehen die Auswirkungen auf die Organisation des Controllings im Mittelpunkt. Die Veränderung der Rolle des Controllings aufgrund der Digitalisierung wird abschließend in Abschn. 3.5 diskutiert.

3.2 Auswirkung auf Prozesse des Controllings

3.2.1 Übersicht über ausgewählte Controlling-Prozesse

Das Controlling wird von einer Reihe von Prozessen dominiert. Einen guten Überblick gibt hierzu beispielsweise die International Group of Controlling (2017). Als Controlling-Prozesse werden dort unter anderem folgende Prozesse

© Springer Fachmedien Wiesbaden GmbH, ein Teil von Springer Nature 2019
C. Langmann, *Digitalisierung im Controlling,* essentials,
https://doi.org/10.1007/978-3-658-25017-1_3

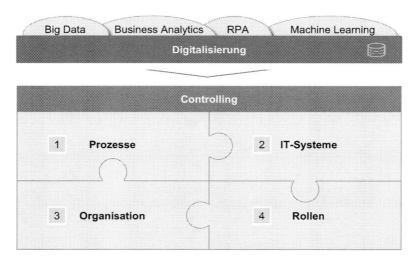

Abb. 3.1   Zusammenhang zwischen Digitalisierung und Feldern des Controllings

aufgeführt: Reporting, operative Planung (Budgetierung), strategische Planung, Forecast, Kosten- und Leistungsrechnung, Projekt- und Investitionscontrolling oder Risikomanagement.

Die Digitalisierung wirkt sich grundsätzlich zwar auf alle Controlling-Prozesse aus, allerdings unterscheiden sich Intensität, Ausprägung und betroffene Prozessschritte. Aus der Literatur und aktuellen Umfragen lässt sich ableiten, dass die Auswirkung der Digitalisierung am stärksten auf die Controlling-Prozesse operative Planung (Budgetierung), Forecast, Reporting und Kosten-rechnung eingeschätzt wird.[1] Die Berücksichtigung des Ressourcen-Einsatzes pro Prozess zeigt zudem, dass gerade Reporting, operative Planung (Budge-tierung), Forecast und Kostenrechnung sehr ressourcenintensiv sind.[2] Somit lässt sich konstatieren, dass gerade bei den ressourcenintensiven Prozessen im Controlling die Auswirkung der Digitalisierung am stärksten eingeschätzt wird.[3] Abb. 3.2 zeigt für die zentralen Controlling-Prozesse im Überblick

---

[1]Vgl. Kirchberg und Müller (2016), FINANCE CFO PANEL (2017).

[2]Vgl. Esser und Müller (2007). Auch aktuelle Daten des CFO-Panels von Horváth und Partners aus dem Jahr 2016 bestätigen diese Aussage.

[3]Vgl. Kirchberg und Müller (2016), FINANCE CFO PANEL (2017).

Controlling-Prozess	Ressourcen-aufwand	Einflussstärke der Digitalisierung	Betroffene Aktivitäten von Digitalisierung (Auszug)	Digitalisierungs-technologien (Beispiele)
Reporting	●●●●●	●●●●◐	Datenextraktion, Datenaggregation, Berichterstellung, Plausibilisierung, Abweichungsanalyse und Kommentierung	z. B. Big Data, Robotic Process Automation, Predictive Analytics, Machine Learning
Operative Planung (Budgetierung)	●●●●○	●●●◐○	Erstellung und Konsolidierung von Einzelplänen, Szenario-, Simulations- und Abweichungsanalysen (z. B. zu Vorjahr)	z. B. Big Data, Predictive Analytics, Machine Learning, Robotic Process Automation
Kosten- und Leistungsrechnung	●●●◐○	●●●◐○	Stammdatenpflege, Kalkulation, Periodenabschluss, Plausibilisierung	z. B. Robotic Process Automation, Business Analytics
Forecast	●●◐○○	●●●●○	Vor allem Datenextraktion und -sammlung, Forecasterstellung, Abweichungsanalyse (z. B. zu Planzahlen oder letztem Forecast)	z. B. Big Data, Robotic Process Automation, Predictive Analytics
Risiko-management	●◐○○○	●●○○○	Szenarien-Analysen, Risiko-Tracking	z. B. Big Data, Predictive Analytics, Machine Learning
Strategische Planung	●◐○○○	●○○○○	Strategische Analysen (Szenarien), Review/ Monitoring der Strategie	z. B. Big Data, Predictive Analytics, Machine Learning
Projekt- und Investitions-controlling	●◐○○○	●○○○○	Planung und Tracking des Projekts, Sensitivitätsanalysen	z. B. Robotic Process Automation, Predictive Analytics

Abb. 3.2 Auswirkung der Digitalisierung auf zentrale Controlling-Prozesse

die Ressourcenintensität, Einflussstärke der Digitalisierung und einsetzbare Digitalisierungstechnologien.[4]

Um die Auswirkung der Digitalisierung auf zentrale Controlling-Prozesse weiter zu erläutern, gehen die folgenden beiden Kapitel anhand detaillierter Beispiele auf das Reporting, die operative Planung (Budgetierung) und das Forecasting ein.

---

[4]Die Einschätzung zu Ressourcenaufwand, Einflussstärke der Digitalisierung und betroffene Prozessschritte stellen Indikationen dar, die aus Projekterfahrungen des Autors, empirischen Studien und aktueller Literatur abgeleitet wurden, vgl. z. B. FINANCE CFO PANEL (2017), Kirchberg und Müller (2016), Heim et al. (2017), Pham Duc und Schmidt (2013).

3.2.2 Reporting

Das Reporting ist ein zentraler, wenn nicht sogar der zentralste Controlling-Prozess, der typischerweise die in Abb. 3.3 dargestellten Prozessschritte umfasst.[5] Demnach erfolgt nach der Datensammlung und -aufbereitung, die Berichtserstellung und Plausibilisierung, bevor der Controller anschließend in die Analyse, Kommentierung und die Berichtsbesprechung geht.

Analysen des Reporting-Prozesses zeigen, dass ca. 70 % des gesamten Aufwands des Prozesses für die ersten vier Schritte benötigt werden.[6] Somit liegt der Großteil des Aufwands im Reporting-Prozess immer noch in nicht-wertschöpfenden Aktivitäten wie z. B. der Datenbeschaffung und Plausibilisierung. Die Gründe hierfür sind in der Regel eine mangelnde Standardisierung (z. B. keine einheitliche KPI-Definition) oder unzureichende Automatisierung (z. B. fehlender Einsatz von Reporting-Tools). Gerade in KMUs dominieren oft manuelle Tätigkeiten im Reporting-Prozess. Für wertschöpfende Aktivitäten, wie die Ursachenanalyse, Kommentierung und Ableitung von Maßnahmen, bleibt dem Controller dann oftmals nur wenig Zeit. Viele Reporting-Empfänger (z. B. Geschäftsführer, Fachbereiche, Gesellschafter) in der Praxis sind daher unzufrieden und verlangen aussagekräftige Interpretationen und zentrale Handlungsempfehlungen, die aus den Zahlen hervorgehen. Das sind gleichzeitig Kernaufgaben eines Controllers in der Rolle des Business Partners (Abschn. 3.5). Die Digitalisierung wird den Reporting-Prozess in den kommenden Jahren an vielen Stellen grundlegend verändern. Auf welche Weise erläutert der nachfolgende Abschnitt.

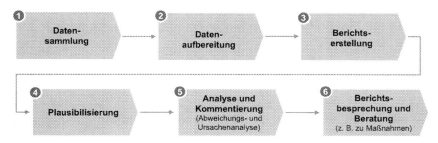

Abb. 3.3 Typische Prozessschritte im Reporting-Prozess

---

[5]Vgl. zum Reporting-Prozess auch International Group of Controlling (2017).
[6]Vgl. Gräf et al. (2013).

3.2.2.1 Auswirkung der Digitalisierung auf das Reporting

Die Digitalisierung beeinflusst den Prozess des Reportings in verschiedenen Feldern (Abb. 3.4). In den kommenden Jahren führt die Digitalisierung zunächst dazu, dass der Einsatz von **unternehmensexternen Daten,** insbesondere **Big Data** in der Unternehmenssteuerung und im Reporting weiter steigt. Big-Data-Technologien, wie z. B. Sentiment-Analysen, ermöglichen es heute bereits, unstrukturierte Daten (z. B. Chats, Blogs, Tweets) zu quantifizieren und damit für das Reporting nutzbar zu machen. Einen direkten und breiten Zugang zu Big Data ermöglichen Unternehmen wie beispielsweise *Ubermetrics,* deren IT-Tool darauf ausgerichtet ist, Big Data aus verschiedenen Kanälen zu sammeln, zu quantifizieren und für weitere Analysen zur Verfügung zu stellen.[7]

Ein Beispiel soll den Einsatz von Big Data in der Unternehmenssteuerung verdeutlichen: Bei der Wahl eines Mobilfunkanbieters sind neben den klassischen Faktoren wie Preis, Tarif oder Qualität des Netzempfangs auch das Markenimage bzw. die Brand relevant. Gerade weil sich Angebote für Neukunden teilweise nur minimal zwischen Mobilfunkanbietern unterscheiden, spielt die Wahrnehmung der Marke eine wichtige Rolle für die Neukundengewinnung und stellt damit einen Werttreiber für den Umsatz eines Mobilfunkunternehmens dar (Abb. 3.5).

Während früher derartige Daten nur in größeren Zeitabständen von Marktforschungsagenturen zur Verfügung gestellt werden konnten, erlauben Sentiment-Analysen die Abfrage in Echtzeit. Mit Hilfe von Algorithmen werden in Sentiment-Analysen ausgewählte Social-Media-Kanäle (z. B. Facebook, Twitter) oder ausgewählte Fachportale fortlaufend nach Textbausteinen mit bestimmten Worten oder Wortkombinationen durchsucht, anschließend evaluiert und in (metrische oder binäre) Daten umgewandelt, um sie dadurch für weitergehende statistische Analysen nutzbar zu machen. Durch die Einbindung der Ergebnisse können Unternehmen somit frühzeitig erkennen, wohin die Marktwahrnehmung gerade tendiert und ob geeignete Gegenmaßnahmen notwendig sind.

Doch die Verwendung von Big Data wie in Sentiment-Analysen sollte nicht dem Selbstzweck dienen, sondern die Unternehmenssteuerung verbessern und das Reporting aussagekräftiger machen. Um das sicherzustellen, erfolgt die konkrete Integration von verfügbarer **Big Data** in die Unternehmenssteuerung über Werttreiberbäume bzw. Treibermodelle. Hierüber lassen sich unstrukturierte, aber quantifizierte Daten mit den führenden finanziellen Steuerungskennzahlen in eine Ursache-Wirkungs-Beziehung bringen und damit die Grundlage für

---

[7]Vgl. www.ubermetrics.com.

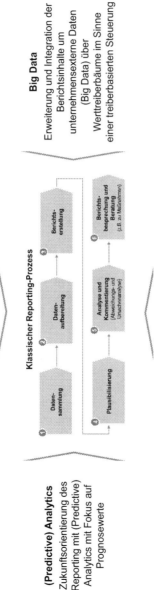

Robotic Process Automation
Zunehmende Automatisierung und Standardisierung des Reporting-Prozesses durch Robotic Process Automation und Ausbau von Self-Service-Reporting

Big Data
Erweiterung und Integration der Berichtsinhalte um unternehmensexterne Daten (Big Data) über Werttreiberbäume im Sinne einer treiberbasierten Steuerung

Klassischer Reporting-Prozess

Datensammlung → Datenaufbereitung → Berichtserstellung

Plausibilisierung → Analyse und Kommentierung (Abweichungs- und Ursachenanalyse) → Berichtsbesprechung und Beratung (z.B. zu Maßnahmen)

(Predictive) Analytics
Zukunftsorientierung des Reporting mit (Predictive) Analytics mit Fokus auf Prognosewerte

IT-Performance & Cloud-Lösungen
Steigende Performance der IT-Systeme führt zu stets aktuellem Drill-Down bis zum Einzel- bzw. Transaktionsbeleg und kostengünstigen Zugang zu Cloud-basierter Spezialsoftware (z. B. mit Reporting-Funktionalitäten)

Abb. 3.4 Einflussfaktoren der Digitalisierung auf den Reporting-Prozess

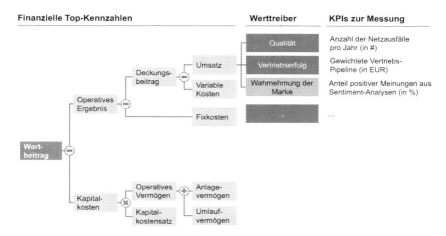

Abb. 3.5 Beispiel eines Werttreiberbaums mit operativen, nicht-finanziellen Treibern (vereinfacht)

eine treiberbasierte Steuerung schaffen (Abb. 3.5). Während aufgrund von mangelnder Datenlage diese Ursache-Wirkungs-Beziehung bisher oftmals nur über qualitativ-logische Beziehungen abgebildet wurde, lässt sich deren Einfluss nunmehr datenbasiert und statistisch-quantitativ prüfen. Statistische Analyseverfahren aus dem Bereich der **Predictive Analytics,** wie z. B. Regressionen oder neuronale Netze, quantifizieren die Einflussstärke von Big Data auf die führenden finanziellen Steuerungskennzahlen und auf andere Werttreiber. Bezug nehmend auf das oben angesprochene Beispiel lässt sich somit berechnen, ob, und wenn ja, wie stark die Neukundenzahl durch eine Verbesserung oder Verschlechterung der Markenwahrnehmung variiert.

Ziel der statistisch-quantitativen Berechnung von Ursache-Wirkungs-Beziehungen zwischen operativen Werttreibern und führenden (finanziellen) Steuerungsgrößen ist es, die operativen Werttreiber mit dem größten Einfluss zu identifizieren und dadurch Transparenz über die unternehmerischen Zusammenhänge zu schaffen. Datenverfügbarkeit vorausgesetzt kann der Controller dann z. B. die wesentlichen Werttreiber des operativen Ergebnisses im Reporting abbilden, wodurch die Unternehmenssteuerung deutlich präziser und agiler wird sowie eine bessere Entscheidungsbasis zur Verfügung steht.

Analytics-Software/-Plattformen für derartige Analysen sind z. B. *KNIME*[8] oder *RapidMiner*[9]. Gerade wertschöpfendere Tätigkeiten im Reporting, wie Analysen, werden durch den Einsatz von statistischen Analyseverfahren qualitativ deutlich verbessert. Infolgedessen dürften auch die anschließende Kommentierung sowie die darauf aufbauende Berichtsbesprechung eine neue Qualität erfahren. Hier bietet die Analyse-Software *inspirient* besondere Features. Neben einer automatisierten Datenanalyse werden bereits präsentationsfähige Diagramme und Kommentierungsvorschläge erstellt.[10]

Neben dem Einsatz von Big Data führt die Digitalisierung auch zu einer immer weiter steigenden **Performance von IT-Systemen** im Reporting. Zum einen hat sich die Leistungsfähigkeit und Funktionalität von klassischen (Controlling-)Systemen, wie ERP-Systemen, erheblich verbessert und erweitert. Beispielsweise lassen sich in SAP *S/4/HANA*[11] mehrdimensionale Analysen und Reporting-Auswertungen mit großen Datenmengen real-time auf der Datenbankebene durchführen, ohne die Daten zuerst in ein Data Warehouse replizieren zu müssen (Abschn. 3.3.3). Zum anderen sind durch die zunehmende Digitalisierung leistungsfähige Business-Intelligence-Systeme und Reporting-Frontend-Tools auch für KMUs mittlerweile günstig und flexibel über **Cloud-Lösungen** zugänglich (Abschn. 3.3.2). In solchen Reporting-Cloud-Lösungen lassen sich Simulationen, What-If-Analysen oder Predictive Analytics integriert durchführen. Auch Mobile-Reporting oder Self-Service-Reporting sind darin abbildbar. Als Beispiel für eine Cloud-Lösung sei exemplarisch *BOARD*[12] genannt, die neben einer Cloud-basierten Business-Intelligence-Lösung auch zahlreiche Analyse-Werkzeuge und ein modernes Reporting-Front-End anbieten. Systeme dieser Art stellen jedoch nicht nur leistungsfähige Analysefunktionalitäten bereit, sondern bieten auch Funktionalitäten für die Extraktion aus Vorsystemen oder für die Datenvalidierung.

Schließlich wird die Automatisierung im Reporting auch durch die Einführung von **RPA** weiter verstärkt. Zwar haben heute schon zahlreiche Applikationen und Systeme die Möglichkeit, automatisiert Reports zu erstellen, allerdings sind diese Funktionen in der Regel auf die Applikation selbst beschränkt. RPA geht

---

[8]Vgl. www.knime.com.

[9]Vgl. www.rapidminer.com.

[10]Vgl. www.inspirient.com.

[11]Vgl. www.sap.com.

[12]Vgl. www.board.com.

dagegen einen Schritt weiter und erlaubt eine Prozessautomatisierung über mehrere (Quell-)Systeme hinweg. RPA-Plattformen sind in der Lage Prozessschritte des Reportings wie Datenextraktion und -aggregation über mehrere voneinander unabhängige und bisher nicht integrierte Applikationen und Systeme durchzuführen (z. B. Excel, SAP, BI, E-Mail). Das nachfolgende Kapitel erläutert die Anwendung von RPA am Beispiel der RPA-Software *UiPath*.

3.2.2.2 Beispiel für den Einsatz von Robotic Process Automation im Reporting mit *UiPath*

Der Einsatz von RPA im Reporting ist ein neues, vielversprechendes Anwendungsfeld im Controlling. Mögliche Effizienzgewinne durch die Einführung von RPA sind geringere Fehlerquoten, kürzere Durchlaufzeiten oder gar Einsparung von FTE im jeweiligen Prozess. Ein Beispiel findet sich bei der Allianz Suisse: ein Report, für den bisher in 2 Tagen Daten manuell aus heterogenen Quellen gesammelt, aufbereitet, überprüft und gemeldet wurden, wird laut Allianz Suisse dank Robots nun in 15 min bereitgestellt.[13]

Voraussetzung für die Einführung von RPA im Controlling sind Prozesse oder Prozessschritte, die regelbasiert und strukturiert sind, sich häufig wiederholen und dabei eine geringe bis keine Variation aufweisen sowie ein gewisses Prozessvolumen oder/und ein gewisse Fehleranfälligkeit haben, um entsprechende Effizienzgewinne zu heben. Große Teile des Reporting-Prozesses erfüllen diese Voraussetzungen geradezu ideal. Die Datenextraktion aus verschiedenen Quellen sowie die anschließende Datenaggregation, -aufbereitung oder -plausibilisierung lassen sich ideal durch Robots abbilden oder zumindest unterstützen. Auch bei der späteren Analyse und Kommentierung der aufbereiteten Zahlen können Robots einen wertvollen Beitrag leisten. Der Robot kann z. B. relevante Abweichungen identifizieren, Kommentarfelder vorbefüllen oder Berichtspräsentationen aktualisieren. Dem Controller fällt dann die Aufgabe der tiefer gehenden Analyse und Vervollständigung (z. B. bei Kommentaren) zu.

Ein Fallbeispiel soll den Einsatz von RPA im Reporting-Prozess weiter verdeutlichen. Die Modellierung des Beispiels und die Programmierung der Robots wurde mit einer führenden RPA-Software, *UiPath Studio* durchgeführt (Abb. 3.6).[14] Abb. 3.7 zeigt einen Ausschnitt eines Reporting-Prozesses, der typisch für ein KMU-Umfeld ist. Dem zentralen Controlling werden für ein

---

[13]Vgl. Schneider (2018).

[14]Vgl. hierzu www.uipath.com sowie zur Modellierung Tripathi (2018, S. 107 ff.).

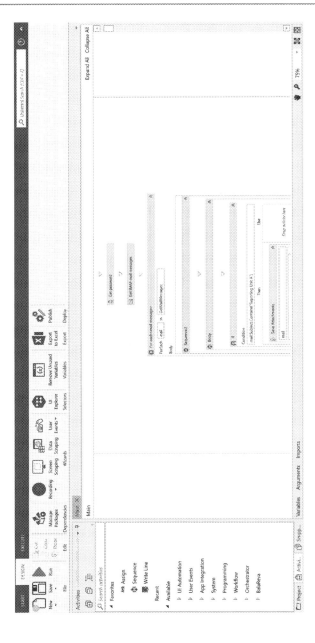

Abb. 3.6 Modellierung eines Prozesses im *UiPath Studio* (siehe Fußnote 14)

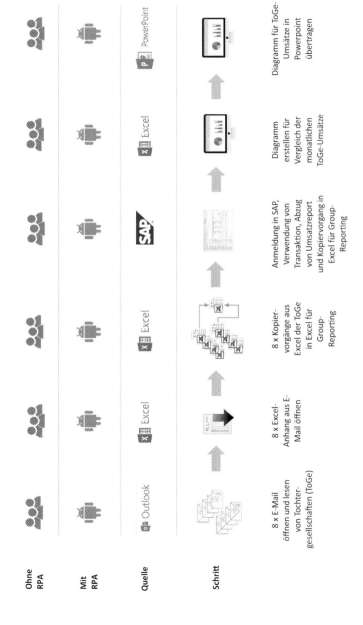

Abb. 3.7 Beispiel für typischen Reporting-Prozess mit und ohne RPA

monatliches Reporting per E-Mail zahlreiche Excel-Dateien, CSV- oder Textdateien von Tochtergesellschaften, operativen Einheiten oder anderen Abteilungen zugeschickt. Das Controlling speichert anschließend die Anhänge der E-Mails, kopiert die Inhalte aus den gespeicherten Dateien in einen konsolidierten Group-Report, macht einen Abzug aus SAP (oder einem anderen ERP-System) und kopiert auch diesen in den konsolidierten Group-Report, erstellt im aktualisierten Group-Report neue Diagramme und analysiert die gelieferten Zahlen. Abschließend wird eine übersichtliche Präsentation mit aussagefähigen Diagrammen erstellt bzw. aktualisiert.

Ohne die Unterstützung von RPA führt der Controller den eben beschriebenen Prozess hauptsächlich manuell durch. Auch wenn sich Teile des Prozesses durch zusätzliche Tools einzelner Applikationen (z. B. VBA-Makro in Excel) automatisieren lassen, lässt sich der gesamte Prozess über alle beteiligten Systeme und Applikationen (Outlook, SAP, Excel, Powerpoint etc.) auf diese Weise nicht automatisiert abbilden. Mit einer RPA-Software wie *UiPath* dagegen lassen sich die gezeigten Prozessschritte über alle beteiligten Systeme und Applikationen integrieren und von einem Robot automatisiert durchführen. Die für das gewählte Beispiel benötigte Durchlaufzeit in *UiPath* beläuft sich – abhängig von der Leistungsfähigkeit der Systeme und Internetverbindungen – auf weniger als 5 min.

Aufgrund der geringen Durchlaufzeit und der maschinellen Bearbeitung kann mit Hilfe von RPA der Reporting-Prozess schnell und fehlerfrei durchgeführt werden. Das Controlling profitiert davon, indem die dadurch frei gewordenen Ressourcen für zusätzliche, tiefer gehende Analysen oder eine aussagekräftige Kommentierung eingesetzt werden können.

3.2.3 Planung und Forecast

Die Planung ist neben dem Reporting einer der zentralsten Prozesse für Controller, der sich grundsätzlich in eine operative, meist einjährige Planung (Budgetierung) und eine strategische, langfristige Planung einteilen lässt. Abhängig von der Ausgestaltung und dem Zeithorizont der strategischen Planung (Planungshorizont 5–10 Jahre) führen einige Unternehmen auch eine sogenannte Mittelfristplanung (Planungshorizont 3–5 Jahre) durch. Ein Blick in die Praxis zeigt, dass vor allem die operative, einjährige Planung (Budgetierung) inklusive der oft damit einhergehenden unterjährigen Forecasts viele Kapazitäten im Controlling bindet. Forecasts nutzen aktuelle Ist-Zahlen, um eine Prognose der zu erwartenden Zielerreichung zum Jahresende zu machen. Da Forecasts meist mehrmals unterjährig durchgeführt werden, zeigen sie frühzeitig auf, ob die avisierten Budgets erreicht

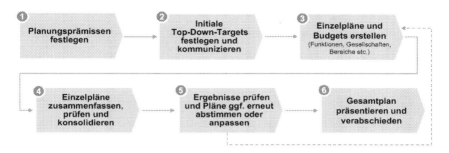

Abb. 3.8 Typische Prozessschritte im Planungs-Prozess

werden oder nicht. Bei Planabweichungen lassen sich so frühzeitig entsprechende Gegenmaßnahmen einleiten.

Abb. 3.8 zeigt zunächst den **typischen Planungs-Prozess** mit seinen einzelnen Schritten.[15] Nach Festlegung der Prämissen und Top-down-Targets werden die Einzelpläne erstellt und konsolidiert. Dadurch erkennt der Controller, ob Anpassungs- oder erneuter Abstimmungsbedarf besteht, z. B. weil die konsolidierten Einzelpläne nicht Top-down-Targets treffen. Im letzten Schritt wird der abgestimmte Gesamtplan erstellt, vor Entscheidungsgremien präsentiert und verabschiedet. Ein Blick in die Praxis von Controlling-Abteilungen zeigt, dass die Ausplanung der Einzelpläne und die anschließende Konsolidierung, verbunden mit zahlreichen Abstimmungen und Schleifen, die meisten Kapazitäten im Planungs-Prozess binden.

Ausgehend vom Planungs-Prozess findet sich bei der Ausgestaltung des Forecast-Prozesses in der Praxis eine breite Vielfalt. Sowohl eine mehrfache, unterjährige Wiederholung des Planungs-Prozesses ab Schritt 3 (Abb. 3.8), wie auch eine schlichte, formlose Abfrage der Einschätzung zur Erreichung einzelner Planungsgrößen mit Blick auf das Jahresende sind vorzufinden.

Der heute in Unternehmen oftmals hohe Aufwand und die geringe Zufriedenheit mit Planung und Forecast sind mehreren Faktoren geschuldet. Zentrale Faktoren sind z. B. die fehlende Automatisierung im Sinne eines unterstützenden Planungs- oder Forecast-Tools, die mit steigender Unternehmensgröße einhergehende Komplexität der Planung, die hohe Planungs- oder Forecast-Tiefe sowie die zugelassenen Abstimmungsschleifen mit den planenden Einheiten über

---

[15]Vgl. zum Planungs-Prozess auch International Group of Controlling (2017).

Einzelpläne anstelle der Fixierung von Top-down-Vorgaben. Die Digitalisierung wird diese Faktoren und den gesamten Planungs- und Forecast-Prozess in den nächsten Jahren tief greifend verändern. Wie das im Detail aussehen könnte, erläutert das nachfolgende Kapitel.

3.2.3.1 Auswirkung der Digitalisierung auf Planung und Forecast

Ähnlich wie im Reporting wirkt sich die Digitalisierung auf die operative Planung (Budgetierung) über vier Felder aus, allerdings mit unterschiedlichen Ausprägungen im Detail (Abb. 3.9). Die Integration von unternehmensexternen Daten, wie **Big Data** in die operative Planung ist imstande, die Planungsgenauigkeit und die Planungsaktualität deutlich zu erhöhen. Ein Beispiel soll diesen Zusammenhang verdeutlichen. So lässt sich der geplante Umsatz eines Unternehmens rechnerisch direkt aus den beiden Werttreibern Absatz und Preis ableiten (zu Werttreibern siehe Abschn. 3.2.2.1). Die Absatzplanung ist wiederum eine Mengenplanung, die meist auf Basis einer Fortschreibung vom letzten Jahr basiert und um Veränderungen bei Werttreibern wie dem Produktprogramm, Absatzkanälen oder Kundenstruktur ergänzt wird.

Big-Data-Technologien sind nun in der Lage meist eher ‚weiche' Werttreiber, wie Konsumentenverhalten, Diskussionen in Fachmedien, Meinungen in sozialen Netzwerken oder Veränderungen in der Demografie und gesellschaftlichen Sozialstruktur zu quantifizieren und in verwertbarer Form für die Planung bereitzustellen. Ein Automobilhersteller kann beispielsweise durch Sentiment-Analysen die geäußerte Meinung zu einzelnen PKW-Modellen in der Fachpresse quantifizieren und dadurch in seiner Planung verarbeiten, sowohl im Rahmen einer Jahresplanung (Budgetierung) als auch im Rahmen eines aktuellen Forecasts. Ob die zusätzlichen, mit Big-Data-Technologien berechneten Werttreiber eigenständig beplant werden oder nur zur Plausibilisierung anderer Planwerte dienen, dürfte von der Bedeutung für das jeweilige Unternehmen abhängen. Im Rahmen des oben aufgeführten Beispiels könnte der Automobilhersteller also für die Meinung zu PKW-Modellen (gemessen über Sentiment-Analysen), sowohl eigene Planwerte aufstellen als auch damit lediglich bestehende Plan- oder Forecastwerte plausibilisieren, z. B. einen steigenden Absatz-Forecast bei gleichzeitig sinkendem Sentiment.

In Kombination mit (statistischen) Analyseverfahren und Algorithmen aus den Bereichen **Predictive Analytics** und **Machine Learning** ist das Controlling in der Lage, diese Werttreiber nicht nur in eine sachlogische Beziehung mit der zu planenden Größe (hier: Absatzmenge) zu setzen, also im Sinne „positive Meinung in Fachpresse führt zu positiver Absatzentwicklung", sondern auch in ein

Robotic Process Automation

Zunehmende Automatisierung des Planungs- und Forecastprozesses durch Robotic Process Automation

Big Data

Erweiterung der Datenbasis für Planung/Forecast um unternehmensinterne und -externe Daten (Big Data) zur Integration in eine treiberbasierte Planung/ Forecast

(Predictive) Analytics und Machine Learning

Nutzung von Predictive Analytics und Machine Learning in Teilbereichen der Planung/ des Forecasts, wodurch Algorithmen Zahlen ‚prognostizieren', welche durch Controller validiert werden

IT-Performance & Cloud-Lösungen

Zunehmende Performance der IT-Systeme und leichter, kostengünstiger Zugang zu Cloud-basierter Spezialsoftware (z. B. mit Planungsfunktionalitäten)

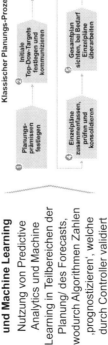

Abb. 3.9 Einflussfaktoren der Digitalisierung auf den Planungs-Prozess

validierbares Modell. Mittels Analyseverfahren wie Regressionsanalysen, neuronalen Netzen oder Kausalanalysen lässt sich nicht nur feststellen, ob die Werttreiber Einfluss auf eine zu planende Größe haben, sondern auch die Stärke des Einflusses. Im oben genannten Beispiel kann der Automobilhersteller somit genau berechnen, wie sich Veränderungen von Meinungen in sozialen Netzwerken oder der Demografie auf die Absatzplanung auswirken werden. Gerade für unterjährige Forecasts, welche die voraussichtliche Zielerreichung der Planung aufzeigen und dazu zentrale Steuerungsgrößen auf das Jahresende hochrechnen, bieten sich statistische Analyseverfahren in Kombination mit Big Data an. Hierdurch lassen sich nicht nur bestehende Forecasts anhand eines statistisch-validierten Modells plausibilisieren, sondern vielmehr komplett erstellen.

Wie bereits im Reporting, führt die Digitalisierung zu einer steigenden **Performance von planungsspezifischen IT-Systemen** in der Breite. Beispielsweise sind heute günstige und flexible **Cloud-Lösungen** erhältlich, die den gesamten Planungs-Prozess aus Abb. 3.8 integriert abbilden. Diese Lösungen besitzen neben wichtigen Prozess-Funktionalitäten wie Workflow-Unterstützung, Validierung, Audit-Trail oder einer Versionierung auch Anbindungsmöglichkeiten an ERP-Systeme und erweiterte planungsspezifische Funktionalitäten wie Simulationen und Szenarien. Gerade für KMUs, die oft aus Kostengründen keine dezidierte Planungslösung im Einsatz haben, eröffnen sich durch Cloud-Lösungen neue günstige und flexible Zugänge zu IT-Systemen. Als Beispiele für eine Cloud-Lösung mit spezifischen Planungsfunktionalitäten können *Valsight*[16] , *BOARD* oder *Corporate Planning*[17] dienen.

Der Zugang zu leistungsfähigen IT-Systemen mittels Cloud-Lösungen in der Planung ist der erste Schritt für eine weitergehende Automatisierung des Planungs-Prozesses. Durch planungsspezifische Cloud-Lösungen werden dabei – gerade in KMUs – in den kommenden Jahren manuelle Planungstätigkeiten in IT-Systeme überführt und dadurch wird der gesamte Planungs-Prozess automatisierter und schneller. Gravierend für die Rolle des Controllings wird dabei der Effekt auf den Planungsoutput und die Planungsqualität sein. Zwar ziehen bereits heute Controller moderne IT-Tools zur Unterstützung des Planungs-Prozesses heran, aber sie behalten immer noch die Hoheit über die Planungslogik und damit über das finale Planungsergebnis. Die fortschreitende Automatisierung hat Potenzial, das zu ändern. Cloud-basierte Planungssysteme sind in der Lage,

---

[16]Vgl. www.valsight.com.

[17]Vgl. www.corporate-planning.com.

eigenständig Vorschlagswerte für Fortschreibungen oder Trendanalysen zu generieren. Die voranschreitende Erweiterung dieser Tools mit statistischen Analyseverfahren im Sinne eines Predictive Forecasting oder Predictive Planning wird dazu führen, dass Forecasts und operative Planungen mit Hilfe von statistischen Datenanalysen schneller und von höherer Genauigkeit sein werden. Praxisbeispiele bestätigen diesen Trend, der sich vor allem für KMUs noch in der Breite entfalten dürfte.[18]

Wenngleich bei Weitem nicht so umfangreich wie im Reporting, wird die Automatisierung im Planungs-Prozess auch durch die Einführung von **RPA** vorangetrieben. Sich wiederholende, stark strukturierte und standardisierte Aktivitäten bilden die Voraussetzung für den Einsatz von RPA und finden sich auch im Planungs-Prozess wieder. Die Erstellung initialer Planungssheets oder die spätere Zusammenführung von befüllten Planungssheets aus mehreren Quellen sind nur zwei denkbare Anwendungsfelder für RPA im Planungs-Prozess.

3.2.3.2 Beispiel für den Einsatz von Predictive Analytics im Forecast mit *RapidMiner*

Am Beispiel des Vertriebs-Controllings wird im Folgenden der Einsatz von Predictive Analytics im Controlling illustriert. Beim B2B-Vertrieb stehen Controller normalerweise vor der Herausforderung, die aktuelle Vertriebs-Pipeline zu bewerten. Die Vertriebs-Pipeline – oft durch CRM-Systeme administriert – enthält aktuelle Gespräche mit Kunden, aus denen potenziell ein Auftrag resultieren könnte. Jeder dieser Kundenkontakte befindet sich dabei in einem unterschiedlichen Stadium des Verkaufsprozesses (Sales Stage): Vom einfachen Erstgespräch mit dem Kunden (Lead), über die Abgabe eines konkreten Angebots bis hin zum gewonnenen bzw. verlorenen Auftragsangebot. In der Regel teilt dabei der Vertrieb selbst jeden Kundenkontakt in das zutreffende Stadium des Verkaufsprozesses ein[19] und gibt neben einer Reihe von anderen Informationen (z. B. Auftragsvolumen) auch seine Einschätzung der Auftragswahrscheinlichkeit (0–100 %) ab. Durch eine Gewichtung der (geschätzten) Auftragsvolumina mit der Auftragswahrscheinlichkeit erhält der Controller dann einen Eindruck über die zukünftige Auftragsentwicklung und kann diese in einem Umsatz-Forecast verarbeiten.

Doch trotz ausgefallener Pipeline-Modelle erfolgt die Beurteilung eines Kundenkontakts durch den Vertrieb in der Praxis oft auf Basis von ‚Bauchfaktoren‘

---

[18]Vgl. z. B. Grönke und Glöckner (2017) oder Freese und Mayer (2018).

[19]In der Praxis werden i. d. R. Voraussetzungskriterien je Vertriebs-Stadium vorgegeben.

und/oder in Abhängigkeit der aktuellen Vertriebsleistung. Ist die Auftragslage schlecht oder war der letzte Umsatz-Forecast nicht auf Budget-Niveau, ist der Vertrieb dazu verleitet, Volumina neuer Aufträge entsprechend hoch anzusetzen und/oder die Erfolgswahrscheinlichkeit anzuheben. Hier spricht man von ,taktischem Hochstapeln'[20].

Wie der Vertriebscontroller nun mit Hilfe von Predictive Analytics eine datengetriebene Schätzung der Vertriebs-Pipeline vornehmen kann, illustriert das nachfolgende Beispiel. Ein Auszug der zur Verfügung stehenden Angaben aus der Vertriebs-Pipeline ist in Abb. 3.10 dargestellt. Zu Illustrationszwecken ist die Anzahl der verfügbaren Angaben begrenzt. In Praxisprojekten zeigt sich, dass Vertriebs-Pipelines teilweise sehr große Datensätze mit mehreren hundert Angaben enthalten können.

Ziel der nachfolgenden Analyse ist es, mithilfe historischer Entwicklungen und Datenanalysen eine datenbasierte Prognose der Vertriebs-Pipeline vorzunehmen. Die datenbasierte Prognose soll den Controller in die Lage versetzen, abschätzen zu können, ob z. B. ein Kontakt zu einem Bestandskunden, mit dem sich der Vertrieb in Verhandlung befindet und von einer 80 %-igen Auftragswahrscheinlichkeit ausgeht, auch realistisch zum Auftrag führt. Analytisch soll somit die Frage beantwortet werden, welche Kombination von Angaben in der Vertriebs-Pipeline die Auftragswahrscheinlichkeit gut vorhersagen können.

Zur Beantwortung der Fragestellung kommt die logistische Regression zum Einsatz, eine sehr verbreitete Predictive-Analytics-Methode.[21] Die logistische Regression ist in der Lage, eine abhängige binäre Variable zu erklären und eine Vorhersage der Wahrscheinlichkeit darüber zu treffen, welchen Wert diese Variable annehmen wird. Die binäre Variable repräsentiert dabei ein Ereignis, dass eintreten kann oder nicht, im vorliegenden Fall also Auftrag *ja = 1* oder *nein=0*. Die unabhängigen Variablen können dabei ein beliebiges Skalenniveau aufweisen.[22] Unabhängige Variablen im vorliegenden Beispiel sind unter anderem die Schätzung für die Auftragswahrscheinlichkeit durch den Vertrieb, das Stadium des Verkaufsprozesses (Sales Stage) und den geschätzten Auftragswert. Das Modell ist in Abb. 3.11 im Überblick dargestellt.

---

[20]Vgl. Schmitt (2014, S. 135).
[21]Vgl. Halper (2014, S. 18).
[22]Für weiterführende Informationen zur logistischen Regression: Bamberg et al. (2017).

Aufnahme Kontakt in CRM-System	Sales Stage	Erfolgs-einschätzung Vertrieb (in %)	Zeitdauer in Pipeline (in Tagen)	Auftragswert (in EUR)	Gewichteter Auftragswert (in EUR)	Kundenumsatz im laufenden Jahr (in EUR)	Bestands-kunde	…	Auftrag gewonnen
25.08.14	Qualification	35	120	14.980	5.243	14.980	Ja	…	Nein
24.09.14	Negotiation	45	90	45.000	20.250	45.000	Ja	…	Ja
30.09.14	Qualification	30	84	72.000	21.600	4.000	Ja	…	Nein
24.11.14	Value Proposition	30	29	14.980	4.494	0	Nein	…	Nein
17.12.14	Prospecting	70	6	75.620	52.934	7.960	Ja	…	Ja
…	…						…	…	…

Abb. 3.10 Daten aus historischer Vertriebs-Pipeline (Auszug) – Beispiel

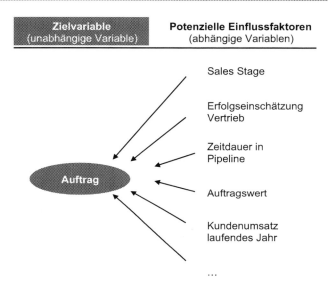

Abb. 3.11 Modell zur Erklärung erfolgreicher Kundenkontakte in Vertriebs-Pipeline

Operativ wird zunächst ein ca. ein Jahr alter Abzug der Vertriebs-Pipeline mit 122 Kundenkontakten, um die Angabe ergänzt, ob daraus später ein Auftrag wurde oder nicht. Nach der Datenaufbereitung und -prüfung erfolgt die Modellierung in der Analytics-Plattform *RapidMiner Studio* (Abb. 3.12). *RapidMiner* ist eine der führenden Analytics-Plattformen mit mehr als 500 Operatoren für alle Aufgaben der Datenbearbeitung, leicht bedienbar mittels grafischer Oberfläche.[23]

Um die Klassifikationsleistung des entwickelten Modells – im Sinne der korrekten Vorhersage eines erfolgreichen Auftrags aus einem bestehenden Kundenkontakt – zu beurteilen, wird üblicherweise die Rate korrekter Klassifikationen betrachtet. Hierzu wird für einen Teil der historischen Daten geprüft, ob das entwickelte Modell den erfolgreichen Auftrag aus dem Kundenkontakt richtig vorhergesagt hätte.

---

[23]Vgl. www.rapidminer.com sowie Kotu und Desphande (2014).

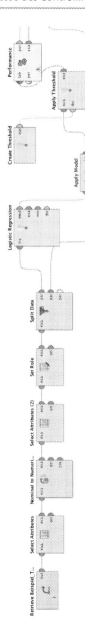

Abb. 3.12 Modellierter Prozess zur logistischen Regression in *RapidMiner*

		Tatsächlich beobachtet		
		Ja	Nein	Gesamt
Prognose	Ja	**5**	2	7
	Nein	3	**15**	18
	Gesamt	8	17	25
	Prozentsatz der Richtigen	62,50%	88,24%	80,00%

Abb. 3.13 Klassifizierungstabelle

Die Ergebnisse in Abb. 3.13 zeigen, dass die Kundenkontakte aus der Gruppe, die zu keinem Auftrag geführt haben, zu 88,24 % richtig vorhergesagt werden.[24] Die Kundenkontakte aus der Gruppe, die später zu einem Auftrag geführt haben, werden zu 62,50 % richtig vorhergesagt. Insgesamt werden somit 80 % aller Kundenkontakte durch das entwickelte Modell richtig in erfolgreiche und nicht erfolgreiche Kontakte eingeordnet. Verglichen mit der Einordnung ohne Modell, in dem der Controller z. B. aufgrund der Mehrheit der Kontakte ohne erfolgreichen Auftrag jeden Kontakt eher in die Gruppe ohne erfolgreichen Auftrag einordnen würde, verbessert sich die Entscheidungssicherheit des Controllings deutlich. Auch die Anwendung der sogenannten Receiver-Operating-Characteristic-(ROC)-Kurve legt mit einem AUC-Wert von 0,86 eine gute Klassifikationsleistung des Modells nahe. Nach Backhaus et al. (2016) gelten AUC-Werte über 0,8 als sehr gut.[25] Während der AUC-Wert die Klassifikationsleistung, also die diagnostische Leistung des Modells bewertet, kann mithilfe weiterer Gütemaße das Modell global geprüft und der Einfluss einzelner unabhängiger Variablen getestet werden. Zu diesen Gütemaßen und deren Berechnung sei ebenfalls auf Backhaus et al. (2016) verwiesen.

Durch die Anwendung des Modells auf die aktuelle Vertriebs-Pipeline kann der Controller nun eine datenbasierte Prognose für jeden Kundenkontakt vornehmen (Abb. 3.14). Dadurch hat der Controller ein Werkzeug in der Hand, um die geschätzte Auftragswahrscheinlichkeit durch den Vertrieb datenbasiert zu hinterfragen und eine eigene Prognose zu erstellen.

---

[24]Um bei den Kundenkontakten, die später zu einem Auftrag führen, eine höhere Trefferquote zu erzielen, wurde der Trennwert für die Klassifikation von Kundenkontakten, die zu keinem Auftrag geführt haben, auf 0,8 festgelegt. Zur Wahl und Auswirkung des Trennwerts vgl. auch Backhaus et al. (2016, S. 302).

[25]Vgl. Backhaus et al. (2016, S. 302).

Aufnahme Kontakt in CRM-System	Sales Stage	Erfolgs-einschätzung Vertrieb (in %)	Zeitdauer in Pipeline (in Tagen)	Auftragswert (in EUR)	Gewichteter Auftragswert (in EUR)	Kundenumsatz im laufenden Jahr (in EUR)	Bestands-kunde	...	Auftrags-prognose logistische Regression
30.03.16	Qualification	45	92	20.909	9.409	13.659	Ja		Ja
01.04.16	Qualification	10	90	120.000	12.000	0	Nein		Nein
06.04.16	Qualification	0	85	87.840	0	3.294	Ja		Nein
01.06.16	Value Proposition	10	29	50.000	5.000	0	Nein		Nein
10.06.16	Value Proposition	30	20	94.000	28.200	0	Nein		Nein
...	...								...

Abb. 3.14 Daten aus aktueller Vertriebs-Pipeline mit Prognose (Auszug) – Beispiel

3.3   Auswirkung auf IT-Systeme des Controllings

3.3.1   Neue Bedeutung des Daten-Managements

Das Daten-Management bezeichnet vereinfacht das Management von unternehmensrelevanten Stamm- und Bewegungsdaten. In diesem Sinn stellt es ein zentrales Fundament für die Digitalisierung im Controlling dar. Bereits einfache Datenanalysen, und erst recht moderne (statistische) Analyseverfahren setzen fehlerfreie, zugriffsbereite und harmonisierte Daten voraus. Ein Blick in die Praxis zeigt, dass für Analysen relevante Daten (z. B. Vertriebszahlen, Finanzzahlen, HR-Zahlen, Produktionszahlen) im Unternehmen oftmals in nicht-harmonisierten Datenquellen verstreut liegen und die Datenquellen meist in unterschiedlicher Verantwortung sind. In diesem Fall sind selbst einfache Analysen und Auswertungen nur schwer möglich. Pham Duc und Langmann (2011) berichten über ein Projektbeispiel, in dem ein internationaler Dienstleistungskonzern aufgrund von uneinheitlich gepflegten Debitorenstammdaten in mehreren SAP-Systemen selbst einfachste Umsatzauswertungen ihrer Konzernkunden nicht automatisch durchführen konnte.

Der zentralen Integration und Harmonisierung von Daten aus unterschiedlichen Quellen kommen vor dem Hintergrund der Digitalisierung daher eine hohe Bedeutung zu. Voraussetzung hierfür ist jedoch zunächst ein gemeinsames Verständnis des Datenmodells für Stamm- und Bewegungsdaten auf allen Informationsebenen und für alle IT-Systeme. Für Debitorenstammdaten müssen beispielsweise die genauen Inhalte und die Struktur des Debitorenstammsatzes definiert werden. Soll die Firmenbezeichnung direkt im Namensfeld stehen oder gibt es hierfür ein separates Feld? Falls die Firma eine Konzerntochter ist, soll die Muttergesellschaft erfasst und damit verknüpft werden? Erst ein einheitliches Verständnis eines derartigen Datenmodells erlaubt eine operative Harmonisierung von Daten.

Die systemseitige Integration kann durch die Kombination von Data Warehouse und Master Data Management System umgesetzt werden. Während das Data Warehouse transaktionale Daten aus heterogenen Systemen in einer Datenquelle zusammenführt, stellt das Master Data Management System die notwendigen Prozesse und Funktionen bereit, um die dazugehörigen Stammdaten (z. B. Produkte, Kunden, Lieferanten) über alle Systeme zu vereinheitlichen, zu pflegen und fortlaufend konsistent zu halten. Neben der Frage nach Datenmodellen (z. B. einheitliche Definition von Stamm- und Bewegungsdaten) und Systemen stehen noch die Dimensionen Prozesse und Organisation (z. B. Prozesse für fortlaufende Pflege von Stammdaten in dezentralen Systemen) sowie

Governance (z. B. unternehmensweite Regelungen zur Datenqualität) im Zentrum eines Daten-Managements.[26]

Die Bedeutung eines Daten-Managements als Voraussetzung für die Digitalisierung ist auch in Unternehmen präsent. So zeigt beispielsweise der aktuelle BI Trend Monitor des Beratungsunternehmens BARC, dass Unternehmen das Daten-Management im Sinne eines Managements von Stammdaten und Datenqualität mittlerweile als das wichtigste Thema der Business-Intelligence-Themen einstufen, noch vor Big Data, Predictive Analytics oder Real-Time-Analytics. Vor zwei Jahren stand das Thema noch auf Platz 2.[27]

3.3.2 Leichter Zugang zu spezifischen IT-Anwendungen (On-Premise oder Cloud)

Durch die Verfügbarkeit von schnellen Breitbandverbindungen hat das Angebot von leistungsfähigen, Cloud-basierten Anwendungen in den letzten Jahren stark zugenommen. Cloud-basierte Anwendungen sind mittlerweile kostengünstig als SaaS-Modelle ohne Wartung verfügbar, flexibel konfigurier- und erweiterbar und können ohne hohe Infrastrukturkosten genutzt werden. Gerade für kleine Unternehmen, die in der Regel nicht über die finanziellen und personellen Ressourcen verfügen, teure IT-Systeme wie Business-Intelligence- oder Data-Warehouse-Systeme eigenständig On-Premise zu betreiben, stellen Cloud-Lösungen eine attraktive Option dar. Eine aktuelle Studie bestätigt diesen Zusammenhang. So hat sich die Verbreitung von (Public-)Cloud-Diensten für Anwendungen aus dem Business Intelligence (z. B. Reporting, Ad-Hoc-Analysen) und dem klassischen Data Warehousing in den letzten drei Jahren verdoppelt. Bezogen auf die Unternehmensgröße zeigt die Studie, dass gerade kleine Unternehmen diesem Trend folgen.[28]

Aus modernen Cloud-basierten Business-Intelligence-Systeme wie z. B. *BOARD* lassen sich dabei direkt über Web-Browser oder native Apps aktuelle Reporting- oder Planungsinformationen abrufen. Durch solche einfachen technischen Zugänge wird die Akzeptanz und Verbreitung von Self-Service-Zugängen in Zukunft weiter steigen. Moderne Self-Service-Zugänge ermöglichen es den Informationsempfängern des Controllings (z. B. Geschäftsführung, Bereichsleitung), benötigte

---

[26]Vgl. Pham Duc und Langmann (2011, S. 64 f.).

[27]Vgl. Bange et al. (2018, S. 15).

[28]Vgl. Bange und Eckerson (2017).

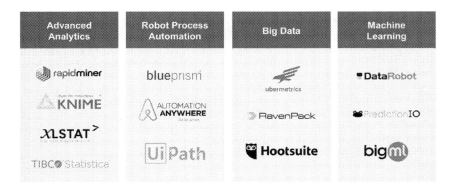

Abb. 3.15 Übersicht zu IT-Lösungen für Advanced Analytics, RPA, Big Data und Machine Learning

Informationen zur Unternehmenssteuerung nicht nur direkt selbst abzurufen, sondern auch eigene Analysen mittels grafischer Oberfläche interaktiv durchzuführen.

Neben Anbietern für Business-Intelligence- und Data-Warehouse-Systeme bieten auch Spezialanbieter aus den Bereichen Analytics, RPA, Big Data oder Machine Learning ihre spezifischen IT-Anwendungen als kostengünstige Cloud-Lösung an. Oft hat der Kunde die Wahl zwischen einer Cloud- oder einer On-Premise-Lösung. Abb. 3.15 zeigt eine Übersicht ausgewählter IT-Anbieter aus den genannten Bereichen, die ihre Anwendung entweder als Cloud-Lösung oder/und On-Premise-Lösung anbieten.[29] Die aufgeführten Lösungen sind hierbei nicht spezifisch für das Controlling entwickelt worden, sondern haben vielmehr eine funktionsübergreifende Anwendungsbreite.

3.3.3 Neue Technologien in ERP-Systemen

ERP-Systeme bezeichnen in der Regel eine Standardsoftware, welche die Informations-, Kapital- und Materialströme abbildet und dadurch die Steuerung der zentralen Unternehmensprozesse sowie des Unternehmens als Ganzes unterstützt.

---

[29]Die Auswahl hat weder einen Anspruch auf Vollständigkeit, noch soll hiermit irgendeine Art von Empfehlung abgegeben werden. Vielmehr handelt es sich um eine frei vom Autor getroffene Auswahl von IT-Lösungen, die nach Meinung des Autors aktuell am Markt präsent sind.

Mit SAP *S/4/HANA* stellt SAP seit 2015 ein ERP-System zur Verfügung, das oft als ein Treiber der Digitalisierung im Controlling genannt wird. Vor diesem Hintergrund widmen sich die folgenden Abschnitte der Verbindung zwischen neuen Funktionalitäten in SAP *S/4/HANA* und der Digitalisierung im Controlling.

Die Datenbanktechnologie *HANA* des *S/4/HANA* nutzt die neue In-Memory Technologie. Die hohe Leistungsfähigkeit der In-Memory Datenbank beruht darauf, dass Daten in komprimierter Form ständig im Hauptspeicher gehalten werden, was Auswertungen erheblich beschleunigt. Im Gegensatz zu bisher wurde die Verarbeitungslogik auf die Datenbankebene verlagert, nur die Ergebnisse der Verarbeitung kommen an die Anwendungsebene zurück. Das heißt komplexe Berechnungen von Algorithmen können sehr viel schneller durchgeführt werden, da sie direkt auf der Datenbankebene stattfinden und die dafür notwendigen Daten real-time in der vollen Tiefe verarbeitet werden können. Eine Extraktion von Daten in ein Data Warehouse (in der Praxis oft während der Nacht), um dort für Auswertungen am nächsten Tag zur Verfügung stehen, entfällt in diesem Fall. Die Geschwindigkeit und geringe Speicherkapazität mit der die neue Datenbanktechnologie *HANA* die immer weiter zunehmende Datenmenge verarbeiten kann, geht in Hand mit der Anforderung des Controllings im Rahmen der Digitalisierung, immer größere Datenmengen verarbeiten und analysieren zu können (Kap. 2). Die Datenbank dient somit als modernes Data Warehouse, wenngleich der Einsatz für ein separates Data Warehouse weiterhin sinnvoll sein kann, gerade wenn externe Datenquellen angebunden werden sollen.[30]

Neben der Datenbanktechnologie *HANA* stellt auch der umfassende Buchungsbeleg in SAP *S/4HANA* einen weiteren Treiber der Digitalisierung dar. Im Sinne eines angloamerikanischen Einkreissystems enthält bereits das Buchungsdokument (integrierter Buchungsbeleg) alle relevanten Daten der Finanzbuchhaltung sowie des Controllings in einem sogenannten Universal Journal. Bei jeder Buchung werden alle für das spätere Reporting notwendigen Informationen im Buchungsdokument gespeichert, sodass für die Analyse stets alle Buchungsdaten gleichzeitig zur Verfügung stehen und aufwendige Über- oder Ableitungen entfallen. Infolgedessen sind Finanzbuchhaltung und Controlling jederzeit abgestimmt.

Dies führt zu einer erheblichen Komplexitätsreduktion in Finanzbuchhaltung und Controlling, was sich auch in einem schnelleren Monatsabschluss bemerkbar machen dürfte. Das Controlling kann dann die dadurch frei gewordene Kapazität für seine Rolle als Business Partner nutzen, welche durch die Digitalisierung stark aufgewertet wird (Abschn. 3.5.1).

---

[30]Vgl. Eilers (2016) sowie www.sap.com.

3.4   Auswirkung auf die Organisation des Controllings

3.4.1   Effizienzdruck führt zur Zentralisierung von Controlling-Aktivitäten

Um die Auswirkungen der Digitalisierung auf die Controlling-Organisation besser zu verstehen, wirft das vorliegende Kapitel zunächst einen Blick auf die Rahmenbedingungen, in denen das Controlling operiert. Hierbei stellt man fest, dass die Controlling-Organisation und der gesamte CFO-Bereich seit Jahren unter einem **steigenden Effizienzdruck** stehen. Im Kern wird gefordert, die Finanz- und Controlling-Prozesse weiter zu automatisieren und zu standardisieren sowie die Controlling-Organisation schlank aufzustellen. Der Trend hin zu dieser Entwicklung wird durch Umfragen bestätigt (Abb. 3.16). So sind laut dem CFO-Panel von Horváth & Partners von 2010 auf 2016 sowohl die Mitarbeiteranzahl im Controlling (bezogen auf 1000 Mitarbeiter im Gesamtunternehmen) als auch die Kosten des Controllings (bezogen auf den Umsatz des Gesamtunternehmens) gesunken.[31] Die detaillierte Betrachtung der Kostenarten im Controlling zeigt, dass eine erkennbare Verschiebung von Personalkosten hin zu IT-Kosten stattgefunden hat.

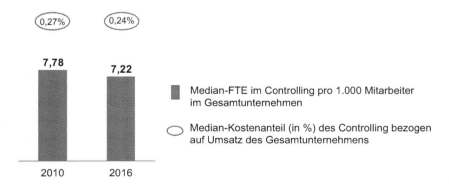

Abb. 3.16   Entwicklung von Kosten und FTE des Controllings (siehe Fußnote 31)

---

[31]Die beschriebenen Daten des CFO-Panels von Horváth und Partners wurden freundlicherweise von Horváth & Partners Management Consultants zur Verfügung gestellt.

Als Antwort auf den Effizienzdruck werden seit Jahren ausgewählte Controlling-Aufgaben zentralisiert gebündelt, um so Effizienzgewinne durch Economies of Scale zu erreichen. Hierzu wird im Controlling je Controlling-Prozess zunächst ein klarer Aufgabensplit definiert. Die Aufgaben werden dann den verantwortlichen Rollen zugeordnet, um anschließend gleichartige Aufgaben organisatorisch zu bündeln. Doch nicht alle Controlling-Aufgaben eignen sich gleichermaßen für eine zentrale Bündelung. Im Fokus stehen stark standardisierte Prozesse, die sich häufig wiederholen, stark strukturiert sind und klaren Regeln folgen, wie z. B. die Bereitstellung eines standardisierten Zahlwerks oder die Anlage von Kostenstellen.

Bisher haben Unternehmen zur Hebung von Effizienzgewinnen versucht, diese Art von Aufgaben über Geschäftsbereiche oder Gesellschaften hinweg in einer zentralen Einheit wie einem Shared-Service-Center (SSC) zu bündeln. Sinnvoll ist dieses Vorgehen natürlich nur, wenn ausreichend große Mengen an Transaktionen vorliegen (z. B. Erstellung von Reports, Einrichtung von Kostenstellen). Mittlerweile werden teilweise auch SSCs externer Drittanbieter in Anspruch genommen. Der nächste logische Schritt zur Hebung weiterer Effizienzgewinne ist die Digitalisierung von SSCs bzw. der Aktivitäten, die durch selbige erbracht werden. Nachfolgender Abschnitt beleuchtet den Sachverhalt näher.

3.4.2 Digitalisierung von Controlling-Aktivitäten in Shared-Service-Centern

Shared-Service-Center (SSC) sind organisatorisch meist unabhängige Einheiten[32], in der gleichartige (Teil-)Aktivitäten und Prozesse gebündelt werden. Während die Einführung von SSCs in anderen Funktionen des Finanzbereichs (z. B. Finanzbuchhaltung) seit langem in der Praxis zu beobachten ist, gewinnt die Einführung von SSCs für Controlling-Aktivitäten seit einigen Jahren verstärkt an Bedeutung. Empirische Umfragen belegen diesen Trend für Großkonzerne wie auch für KMUs.[33]

Der Fokus im Controlling liegt dabei auf standardisierbaren, sich wiederholenden (Teil-)Aktivitäten wie der Erstellung des Zahlenteils im Reporting oder der Pflege von Stammdaten in der Kostenrechnung. Gerade durch die Verlagerung

---

[32]Ausnahme bilden hier virtuelle SSCs, bei denen nur eine virtuelle, aber keine räumlich-organisatorische Einheit gebildet wird.

[33]Vgl. z. B. KPMG (2013), KPMG (2014) oder Grönke et al. (2018).

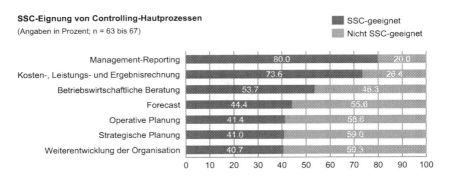

Abb. 3.17 Studienergebnisse zur SSC-Eignung von Controlling-Prozessen (siehe Fußnote 34)

von ressourcenintensiven Controlling-Prozessen (Abschn. 3.2.1) wie dem Reporting und der Planung ergeben sich erhebliche Effizienzpotenziale (Abb. 3.17).[34]

Die in SSCs standardisierten Prozesse und einheitlichen Datenbasen legen den Grundstein dafür, diese Prozessaktivitäten künftig zu digitalisieren. Somit wirkt sich die **Digitalisierung** direkt auf **SSCs** aus. Die Folge sind weitere Effizienzgewinne und steigende Prozessqualität und -geschwindigkeit. Als Beispiel sei der Einsatz von RPA (Kap. 2) für SSC-Aktivitäten bei der Siemens AG genannt. Dort übernimmt ein Software-Roboter Aktivitäten der Finanzbuchhaltung, in dem er auf Basis eines Standard-Reports Daten aus ERP-Systemen extrahiert, in Excel aufbereitet und einen Ergebnisbericht erstellt, mit dem er anschließend ein Berichterstattungstool befüllt.[35]

Effizienzsteigerungen im Controlling resultieren jedoch nicht nur aus der Digitalisierung von SSCs, sondern auch aus der Digitalisierung herkömmlicher, nicht in SSCs gebündelter Controlling-Aktivitäten und -Prozesse. Als Beispiel kann hier der klassische Forecast des Controllings dienen (Abschn. 3.2.3). Hier zeigen Beispiele aus der Praxis, dass sich durch den Einsatz statistischer Modelle und Algorithmen (im Rahmen von Predictive Analytics) der Forecast-Prozess nicht nur weiter automatisieren lässt, sondern auch noch in der Lage ist, die Prognosegenauigkeit zu erhöhen.[36]

---

[34]Vgl. KPMG (2013, S. 24).
[35]Vgl. Arbeitskreis Shared Services der Schmalenbach-Gesellschaft (2017, S. 39).
[36]Vgl. Freese und Mayer (2018, S. 4).

3.4.3 Data Science als neue Organisationseinheit

Während der Effizienzdruck auf die klassische Controlling-Organisation weiter zunimmt, schaffen Unternehmen neue Stellen oder ganze **Organisationseinheiten** für Data Science. Ein aktueller Blick in Job-Portale zeigt die enorme Nachfrage nach Data Scientists am Arbeitsmarkt und spiegelt damit die von Davenport und Patil (2012) getroffene Aussage wieder: „Data Scientist: The Sexiest Job of the 21st Century"[37]. Die am Arbeitsmarkt geforderten Aufgaben von Data Scientists lassen sich auf spezifische Felder herunterbrechen. Im Kern sind Konzept- und Methodenkenntnisse erforderlich, die sich vor allem auf Big Data, Machine Learning, Data Mining und Predictive Analytics beziehen. Von Unternehmen geforderte Programmiersprachen sind dabei insbesondere Python, SQL, R, Java oder MATLAB.[38] Natürlich sind für Data Scientists auch Fähigkeiten wie die Übernahme von Verantwortung, kommunikatives Verhalten und die Transformation der Ergebnisse in die Geschäftsprozesse entscheidend. Allerdings werden die zuletzt genannten Anforderungen an viele Funktionsbereiche gestellt, weshalb sie nur wenig spezifisch für Data Scientists sein dürften.

Beim Aufbau neuer Kompetenzen im Bereich **Data Science** stellt sich die Frage der organisatorischen Ausgestaltung und Eingliederung in das Unternehmen. Lässt man den Einkauf von externer Beratungsleistung außer Acht, finden sich in der Praxis mindestens drei verschiedene Vorgehensweisen für den Aufbau von Data-Science-Know-how (Abb. 3.18). In der einfachsten Form bauen Unternehmen ihr Data-Science-Know-how dadurch auf, indem sie ausgewählte Controller oder Mitarbeiter aus Abteilungen wie IT oder BI entsprechend fortbilden (siehe Punkt 1 in Abb. 3.18). Zahlreiche Seminaranbieter haben hierauf bereits reagiert und bieten spezifischen Fortbildungen für Controller an, die sich mit Statistik, Predictive Analytics oder Big Data befassen.[39] Abhängig vom jeweiligen Bedarf widmen sich die fortgebildeten Controller anschließend entweder Vollzeit oder projektbezogen der Datenanalyse.

Eine weitere Möglichkeit zum Aufbau von Data-Science-Know-how ist die Schaffung neuer Stellen für Data Scientists (siehe Punkt 2 in Abb. 3.18). Die neuen Stellen werden hierbei entweder im Controlling oder anderen Abteilungen angesiedelt, die eine gewisse Nähe zu Daten und Datenanalyse aufweisen (z. B. IT oder BI).

---

[37]Davenport und Patil (2012).

[38]Vgl. Alpar et al. (2016).

[39]Vgl. hierzu beispielsweise Haufe (2018).

Abb. 3.18 Alternativen für den Aufbau von Data-Science-Know-how in der Unternehmenspraxis

Teilweise werden die in verschiedenen Abteilungen angesiedelten Stellen dann noch zu einer virtuellen Einheit zusammengeführt, um ihre Leistungen im Unternehmen anschließend als Center of Expertise anzubieten. Center of Expertise sind eine Form von Shared Service Center, die wissensorientierte Beratungsleistungen anbieten. Die Leistung wird dabei in der Regel von höher qualifizierten Experten mit speziellem Know-how erbracht.

Alternativ zur Schaffung einzelner Stellen in bestehenden Abteilungen werden ganze Organisationseinheiten aufgebaut (siehe Punkt 3 in Abb. 3.18). Die neuen Einheiten, in denen Data Scientists zentral (virtuell oder physisch) gebündelt werden, tragen Namen wie Data Lab oder Digital Lab, Data & Analytics oder Data Science. Hierfür finden sich zahlreiche Beispiele in der Praxis, wie Volkswagen mit dem Data Lab in München oder ERGO mit dem Digital Lab in Berlin.[40] Solche Einheiten werden in der Regel ebenfalls in Form eines Center of Expertise aufgebaut und bieten ihr Know-how den verschiedenen Unternehmensfunktionen als Beratungsleistung an. Darüber hinaus arbeiten sie oftmals an eigenen Forschungsprojekten, die dem Unternehmen langfristig dienen sollen. Für die hierarchische Eingliederung dieser neuen Einheiten im Unternehmen gibt es wiederum verschiedene Alternativen. Leitend sind dabei Fragen wie Stabsstelle oder Fachbereich, erste oder zweite Führungsebene, dem Chief Financial Officer (CFO) oder einem Chief Digital Officer (CDO) unterstellt?

Bei der Bewertung der drei Alternativen zum Aufbau von Data-Science-Know-how scheint es mehr als fraglich, ob Controller die Aufgaben und Kompetenzen eines Data Scientists vollständig übernehmen können. Die mangelnde Erfahrung mit der modernen Datenanalyse – gerade für unstrukturierte Daten – sowie die oftmals wenig ausgeprägte Kompetenz in Statistik lassen hieran erheblich zweifeln. So kommen auch Steiner und Welcker (2016) zu dem Schluss

> Es ist illusorisch zu glauben, dass Controller zusätzlich noch die Aufgabe des Data-Scientists übernehmen können (Steiner und Welcker 2016, S. 72).

Somit wird der Controller eher als Schnittstelle zum Data Scientists fungieren und damit die Rolle des Pathfinders (Abschn. 3.5.1) einnehmen. Sicherlich trifft diese Sicht heute vor allem auf große Unternehmen zu. Da in KMUs oftmals

---

[40]Vgl. hierzu www.datalab-munich.com oder www.ergo.com.

weder ausreichende finanzielle Ressourcen noch der Bedarf für eigens angestellte Data Scientists bestehen, ist zu erwarten, dass der Controller selbst die notwendigen Datenanalysen durchführen muss.

3.5 Auswirkung auf Rollen des Controllings

3.5.1 Neue Rollen im Controlling

Die Rolle des Controllings hat sich im Laufe der Zeit stark verändert und erweitert. Zu Beginn stand das Controlling als **Zahlenlieferant** im Vordergrund, also die Bereitstellung von Daten und Zahlen aus der Kostenrechnung. Durch die zunehmende Automatisierung und Verbreitung leistungsfähiger IT-Systeme hat das Controlling zunehmend die Rolle des **Reporters** (Informationslieferant) bekommen und somit die Aufgabe, eine belastbare Planung und ein aussagefähiges Berichtswesen bereitzustellen und die darin enthaltenen Kennzahlen zu interpretieren. Die Rollen Zahlenlieferant und Reporter werden heute in der Regel in Rollenbezeichnungen wie **Service Provider** oder **Service Expert** zusammengefasst.

Die schlichte Bereitstellung von Zahlen und Reports generiert heute in den meisten Unternehmen aber nur einen sehr geringen Mehrwert. Die zunehmende Automatisierung führt dazu, dass Entscheidungsträger die Zahlen entweder automatisch vom IT-System aktiv zugeschickt bekommen oder sich aktuelle Zahlen jederzeit selbst aus Systemen laden können (Abschn. 3.3). Angesichts der mittlerweile stark gesunkenen Beständigkeit von Zahlenwerten scheint diese Entwicklung auch nachvollziehbar und sinnvoll. Seine langfristige Existenzberechtigung kann das Controlling aber nur dann absichern, wenn es einen Mehrwert für das Unternehmen schafft und zur Entlastung des Managements agiert.

Aus diesem Grund fordern Unternehmen seit Jahren vom Controlling, sich als **Business Partner** zu positionieren. Das Controlling soll in der Rolle des Business Partners nicht reaktiv, sondern als proaktiver Ideengeber und Treiber zur Sicherstellung des langfristigen finanziellen Unternehmenserfolgs agieren. Hierbei soll das Controlling als Sparringspartner auf Augenhöhe gegenüber dem Management auftreten und das Management entlasten, indem es selbstständig geschäftsförderliche Maßnahmen vorantreibt und koordiniert. Der Blick in die Unternehmenspraxis zeigt, dass gerade in KMUs heute noch zu wenige Controller in diese Rolle schlüpfen (können). Grund hierfür sind z. B. fehlende Kompetenzen als Berater des Managements oder schlichtweg fehlende Kapazitäten

Abb. 3.19 Rollen des Controllings (siehe Fußnote 43)

aufgrund zu vieler, nicht wertschöpfender Tätigkeiten. Auch in Großunternehmen mangelt es nicht selten an Controllern als Business Partner, was an fehlenden Rollenbildern, fehlenden Kompetenzen oder unklaren Zuständigkeiten liegen kann. Auch der Blick in die aktuelle Controlling-Literatur sowie in die Unternehmenspraxis zeigt, dass die Forderung nach einem Controller als Business Partner heute größer ist als je zuvor (Abb. 3.20).

Neben den bereits vorgestellten Rollen des Controllings finden sich seit einiger Zeit zwei weitere, zusätzliche Rollen in Praxis und Literatur. Zum einen die Rolle der Governance, zum anderen die Rolle des Pathfinders bzw. Experten.[41] Abb. 3.19 zeigt die Rollen im Überblick.[42] In der **Governance-Rolle** soll das Controlling im Sinne einer Compliance die Etablierung und Einhaltung unternehmensweiter Richtlinien und Standards sicherstellen. Diese Controlling-Rolle wird in Organisationen auch als Guardian oder Functional Leadership bezeichnet.[43]

---

[41]Vgl. hierzu beispielsweise: Isensee (2017) oder Seufert und Kruk (2016).

[42]Vgl. zu Abb. 3.19 u. a. Seefried (2016), Möller et al. (2017), Seufert und Kruk (2016).

[43]Vgl. hierzu beispielsweise: oder Seufert und Kruk (2016).

 „Dieser Wandel des Controllers hin zu einem „**Business Partners**" entspricht dem **modernen Controllerverständnis**…" (Horváth (2011, S. 568))

 „Das Controlling innerhalb eines Unternehmens hat grundsätzlich **drei verschiedene Rollen** einzunehmen, die gerne als „**Zahlenknecht**", „**Richtlinieninstanz**" oder/und „**Business Partner**" definiert werden." (Neugebauer (2016, S. 18))

„Manager brauchen dringend Unterstützung. Jemanden, der sie in der Breite ihrer Führungsaufgabe **entlasten** und **ergänzen** kann, der Themen **selbständig vorantreibt** und **koordiniert**. Manager brauchen Controller als **Partner** in ihrem Business." (Schäffer/Weber (2014, S. 1–2))

 Man wünscht sich vom Controller **mehr interne Beratung**, mehr Steuerungs- und Veränderungsimpulse aber **deutlich weniger Kontrolle und Überwachung**. Controller bleiben noch zu häufig hinter den eigenen **Erwartungen** an ihre Rolle und hinter denen ihrer **Geschäftspartner** zurück. (Eberenz/Behringer (2016, S. 55))

„Die Rolle des **Business Partners** erfordert insbesondere **Geschäftskenntnisse** sowie die Fähigkeit, mit dem Management auf **Augenhöhe interagieren** zu können, Empathie sowie psychologische und soziologische Kenntnisse – allesamt Anforderungen, die **außerhalb des Qualifikationssets** eines traditionellen instrumenten- und zahlenbasierten Controllers liegen." (Ideenwerkstatt, Internationaler Controller Verein (2016, S. 22))

 „Gleichzeitig sind für einen erfolgreichen Umgang mit der Digitalisierung aber die zwei anderen Controlling-Rollen i.S.v. „**Governance**" und Beratung bzw. „**Business Partner**" zu stärken und auszubauen." (Isensee (2017, S. 39))

Abb. 3.20 Exemplarische Aussagen in der Literatur zu Rollen des Controllings

Richtlinien sind vielseitig und können z. B. die Buchung von Sachverhalten, die Berechtigung für Controlling-Daten oder die Definition von Kennzahlen betreffen. In der Praxis ist zu beobachten, dass die Governance-Rolle in einer getrennten Einheit – ähnlich wie die Revision – innerhalb des Controllings oder innerhalb des Finanzbereichs angesiedelt wird. Durch die Aufhängung direkt unterhalb der 1. oder 2. Führungsebene erhält die Einheit dann sowohl eine gewisse Aufmerksamkeit im Unternehmen als auch entsprechende Durchsetzungskompetenz.

Gerade durch die Digitalisierung bekommt die Governance-Rolle für das Controlling noch mehr Gewicht. Die steigende Menge strukturierter und unstrukturierte Daten, insbesondere unter dem Aspekt Big Data, verlangt nach entsprechender Regulierung. Fragen wie „Welche Daten dürfen wie und für welche Zwecke im Controlling verwendet werden?" oder „Welche Quellen sind hierfür heranzuziehen?" müssen geklärt und geregelt werden. Neben der steigenden Datenmenge sorgt auch die weiter zunehmende Verbreitung von lokalen und insbesondere virtuellen IT-Systemen im Controlling für Regulierungsbedarf. Der Bedarf an Richtlinien für Fragestellungen wie „Dürfen Finanzdaten mit einer speziellen Cloud-basierten Software analysiert werden?" ist erst durch die Digitalisierung und der damit einhergehenden leichteren Zugänglichkeit zu modernen IT-Systemen in der Cloud entstanden.

Die Rolle des **Pathfinders** findet sich z. B. im ‚Target Picture 2025' des Controllings der BASF wieder.[44] Andere Organisationen nennen diese Rolle z. B. **Innovator** oder auch **Experte**. Die Rolle hat die Aufgabe, die Instrumente,

---

[44]Vgl. Seufert und Kruk (2016, S. 157 f.).

Prozesse und Methoden im Controlling fortlaufend weiter in Richtung State-of-the-Art zu entwickeln. Neue Innovationen oder Technologien sollen durch den Pathfinder auf die Übertragbarkeit und Anwendbarkeit im Controlling geprüft werden, z. B. Nutzung von Predictive Analytics oder Machine Learning im Controlling. Dazu erfordert diese anspruchsvolle Rolle konzeptionelle Fähigkeiten und Kenntnisse in Technologien oder Statistik, die weit über die des normalen Controllers hinausgehen. In dieser Rolle wird von Controllern zudem verlangt, dass sie besonders vorausschauend sind und Veränderungsprozesse im Sinne eines Change Managements anstoßen und steuern können. Aufgrund dieser Fähigkeiten und Kenntnisse bildet der Pathfinder auch die ideale Schnittstelle zum Data Scientist (Abschn. 3.4.3). Während der Pathfinder Fragestellungen des Controllings konzeptionell in analysefähige Datenmodelle überführen kann, führt der Data Scientist die Analysen operativ durch.

Die neue Rolle des Pathfinders bzw. Innovators im Controlling ist wohl die offensichtlichste Auswirkung der Digitalisierung auf das Rollenmodell des Controllings. Vereinfacht ausgedrückt ist es gerade diese Rolle, welche die Schnittstelle zu den Technologien und Techniken der Digitalisierung innehat und sie in das Controlling überführen soll.

Hinsichtlich der organisatorischen Verankerung der einzelnen Rollen stehen gleich mehrere Fragen im Mittelpunkt, wie „Soll jeder Controller alle Rollen gleichermaßen innehaben oder spezialisieren sich Controller auf bestimmte Rollen?" oder „Sollen bestimmte Rollen durch eine eigene, hierauf spezialisierte Organisationseinheit ausgeführt werden?"

Derartige Überlegungen zur organisatorischen Verankerung der Controlling-Rollen im Unternehmen hängen mit der Größe des gesamten Unternehmens und mit der des Controllings zusammen. KMUs haben in der Regel begrenzte Personalressourcen in Abteilungen wie dem Controlling, weshalb sich die Frage nach Controllern mit spezialisierten Rollen weniger stellt. Der traditionelle Controller in KMUs muss nicht selten alle Rollen in sich vereinen.

In Großunternehmen dagegen werden die Rollen meist organisatorisch getrennt verankert und gebündelt. Durch diese Bündelung von gleichartigen Rollen und den dahinter liegenden Tätigkeiten versprechen sich Großunternehmen vor allem Effizienzgewinne. Ein Beispiel hierzu ist die Bündelung der Service-Provider-Rolle in eigenen SSCs. So bündelt beispielsweise Daimler ausgewählte Controlling-Aktivitäten in einem eigenen SSC (Daimler Group Services) in Berlin.[45]

---

[45]Vgl. Daimler AG (2018).

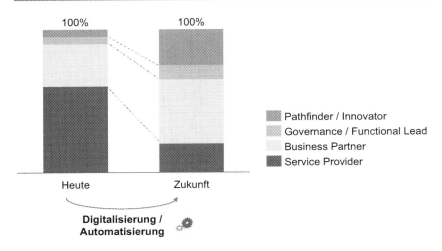

Abb. 3.21 Veränderung der künftigen Schwerpunkte von Controlling-Rollen

Für die Rollen des Controllings lässt sich zusammenfassend festhalten, dass sich die Rollenschwerpunkte in den nächsten Jahren weiter verändern werden. So wird die Rolle des Controllers als Service Provider, der Zahlen extrahiert und in Reports zusammenstellt, durch die steigende Automatisierung und die Digitalisierung künftig vermutlich ganz von IT-Systeme abgelöst (Abschn. 3.3.2). Infolgedessen wird sich der Schwerpunkt der operativen Arbeit im Controlling auf die Rollen Business Partner und Pathfinder verlagern (Abb. 3.21). Gerade diese beiden Rollen verlangen vom Controlling Kompetenzen, die heute im traditionellen Controlling oft nur begrenzt vorhanden sind. Im nachfolgenden Abschnitt werden diese Kompetenzen daher näher beleuchtet.

3.5.2 Kompetenzen in Statistik, Analytics und Storytelling

Wenn das Controlling in der Rolle des Pathfinders künftig die Schnittstelle zu Data Scientists (Abschn. 3.4.3) bildet, sollten Controller die Systeme und Prozesse von Data Scientists in ihren Grundzügen verstehen. Nur so sind sie Gesprächspartner auf Augenhöhe. Aber auch der Controller selbst wird künftig einfachere Analytics-Modelle entwerfen, berechnen und auswerten, wozu er notwendige Kompetenzen in **Statistik** und **Analytics** braucht. Ein Blick in aktuelle Stellenanzeigen für

Controller bestätigt diese Entwicklung. Unternehmen setzten für Controller bereits heute Kenntnisse in Methoden wie Predictive Analytics voraus.[46]

Doch welche **Kompetenzen** sind das, die Controlling in Zukunft brauchen? Kompetenzen in Statistik und Analytics, die Controller erwerben oder auffrischen sollten, sind z. B.:

- Grundkenntnisse in Verteilungen, Stichproben, Signifikanztests, Wahrscheinlichkeitsverteilungen oder Konfidenzintervalle
- Grundkenntnisse in statistischen Parameter und Variablen
- Grundkenntnisse von Kausalzusammenhängen und Anwendungserfahrung in Korrelationen
- Erfahrung in Datenmodellierung und der Funktionsweise einfacher analytischer Verfahren und Algorithmen (z. B. Regressions- oder Clusteranalysen)
- IT-Kenntnisse in der Anwendung von Analyse-Tools (z. B. *RapidMiner, KNIME*) und ein Verständnis von Programmiersprachen (z. B. Python, R)
- Grundkenntnisse in Projektmanagement zur Koordination und Steuerung von Analyse-Projekten

Controller wenden die beschriebenen Grundkenntnisse für Datenanalysen an. Das Controlling identifiziert Handlungsbedarfe für Datenanalysen, leitet konkrete Aufgabenstellung daraus ab, unterstützt den Data Scientist bei der Modellentwicklung und setzt die Ergebnisse in den betroffenen Controlling-Prozessen (z. B. Planung, Reporting) um.[47] Für einfache Fragestellung stellt der Controller selbst Datenmodelle auf und berechnet diese (z. B. Korrelations- oder Regressionsanalysen). Hierzu können Controller auf Excel – eine ihnen bestens bekannte Software – zurückgreifen und dort einfache Datenmodelle mit kleinerem Datenumfang bereits vollständig errechnen.[48]

Außer in Statistik und Analytics muss der Controller auch seine sozialen und kommunikativen Kompetenzen weiter ausbauen. Grund hierfür ist die oben beschriebene Ausweitung der Rolle des Business Partner, getrieben durch die Digitalisierung (Abschn. 3.5.1). Um mit dem Management als Business Partner auf Augenhöhe diskutieren zu können, muss der Controller analytisch, zahlenbasiert und argumentativ glaubwürdig in Diskussionen überzeugen. Der traditionelle

---

[46]Vgl. exemplarisch hierzu Lichtblick SE (2018).
[47]Vgl. Horváth (2016, S. 16).
[48]Vgl. Langmann (2018).

Controller gilt zwar als analytisch und zahlenfokussiert. Als Business Partner muss er jedoch auch selbstbewusst wirken, überzeugend auftreten, die Sprache und Politik des Managements verstehen bzw. sprechen, eigene Initiative ergreifen, vernetzt denken und mit Weitblick argumentieren. Dass er dabei gute Kenntnisse des eigenen Geschäftsmodells braucht, versteht sich von selbst.

Um in der Rolle des Business Partner überzeugend aufzutreten und glaubwürdig Informationen zu übermittelt, kommt dem **Storytelling** eine besondere Bedeutung für Controller zu. Es bezeichnet vereinfacht eine Methode, Informationen und Fakten als authentische Geschichte überzeugend zu vermitteln. Storytelling findet zunehmend Verbreitung in der Praxis, da das Erzählen einer Geschichte in der Regel nachhaltig in Erinnerung bleibt. Aktuelle Studien deuten auf eine positive Wirkung von Storytelling der Controlling-Praxis hin.[49] Im operativen Alltag des Controllers wirken sich Techniken und Methoden des Storytelling vor allem auf die Gestaltung und Präsentation von Reports aus, die das Controlling für Entscheidungsträger bereitstellt. Bei der Gestaltung von Reports versucht Storytelling zunächst, im Report enthaltene Diagramme und Tabellen stark zu entschlacken und anschließend durch Farben, Hervorhebungen, Text etc. so anzupassen, dass der Fokus auf der eigentlichen Problem- bzw. Fragestellung liegt. Für den strukturellen Aufbau und die Präsentation des Reports greift das Storytelling dabei Grundstrukturen guter Geschichten auf, wie Beginn, Mittelteil und Ende.

So führt ein Controller die Reporting-Empfänger zu Beginn der Berichtspräsentation zunächst in den Report ein, indem er die Grundinformationen des Reports (z. B. allgemeine Entwicklung der Kennzahlen) erläutert und – falls zutreffend – darauf hinweist, dass der Report Auffälligkeiten zeigt. Im Mittelteil der Berichtspräsentation erläutert der Controller dann die Auffälligkeit im Detail (z. B. auffällige Entwicklung einer Kostenart) und zeigt auf, was passieren könnte, wenn sich die Entwicklung fortsetzt. Des Weiteren gibt er erst Hinweis auf Lösungsansätze. Am Ende der Berichtspräsentation wiederholt der Controller nochmals die erläuterten Auffälligkeiten und gibt eine klare Handlungsempfehlung zu den nächsten Schritten, welche die Entscheider einleiten sollten.

Weitere Informationen zum Storytelling finden sich z. B. bei Nussbaumer Knaflic (2015) oder Atkinson (2011). Zur Darstellung wirkungsvoller Diagramme und Reports im Rahmen des Storytelling gibt es auch eine Reihe von Produkten von Software-Anbietern, wie z. B. *infogram*[50] oder *Think-Cell*[51].

---

[49]Vgl. Kampmann (2017).

[50]Siehe hierzu infogram.com.

[51]Siehe hierzu think-cell.com.

Reifegradmodell für die Digitalisierung des Controllings

4

Die vorangehenden Kapitel machen deutlich, dass die Digitalisierung im Controlling mittel- bis langfristig zu weiterreichenden Veränderungen führen wird. Für eine erste Einordnung, wo sich das Controlling eines Unternehmens auf dem Weg zur Digitalisierung heute befindet, wurde nachfolgendes Reifegradmodell entwickelt (Abb. 4.1). Das Modell verwendet verschiedene Dimensionen, auf denen sich ein Controlling anhand von konkreten Beispielen zur Digitalisierung selbst einordnen kann. Die Dimensionen im Einzelnen sind:

1. Rollenmodell
2. Organisation
3. Prozesse
4. Governance
5. IT-System und
6. Personal & Kompetenzen.

Für die Selbsteinordnung je Dimension dient eine Bewertungsskala, die von 1 bis 5 reicht. Die Eckpunkte (1 und 5) und Mitte (3) der Skala sind für jede Dimension mit Beschreibungen und Beispielen versehen, wodurch die Selbsteinschätzung erleichtert und strukturiert werden soll. Die ungewichtete Summe der Bewertungen über die 6 Dimensionen zeigt anschließend, ob das heutige Controlling als Digital Newbie (6–12 Punkte), als Digital Mainstream (13–24 Punkte) oder eher als Digital Pioneer (25–30 Punkte) einzustufen ist. Die Punkte je Einordnung sind hierbei als Indikation zu verstehen.

Die Einordnung als **Digital Newbie** bedeutet, dass ein Controlling bisher noch keine nennenswerten Schritte in Richtung Digitalisierung gegangen ist. Digital Newbies im Controlling finden sich typischerweise eher in KMUs als in Großkonzernen. Die Normstrategie für Digital Newbies beinhaltet zunächst, ein den

© Springer Fachmedien Wiesbaden GmbH, ein Teil von Springer Nature 2019
C. Langmann, *Digitalisierung im Controlling*, essentials,
https://doi.org/10.1007/978-3-658-25017-1_4

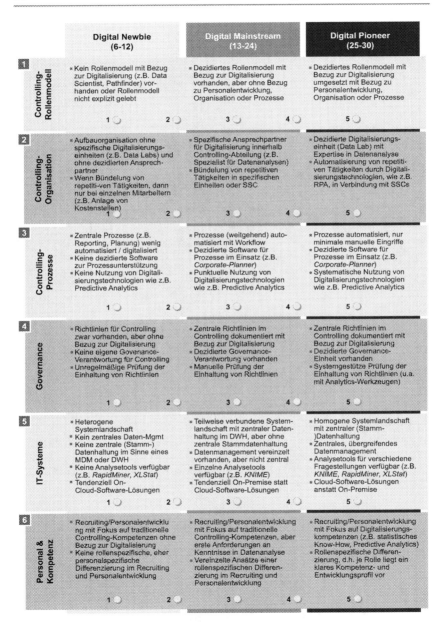

Abb. 4.1 Reifegradmodell für die Digitalisierung des Controllings

Herausforderungen geeignetes Zielbild zu entwickeln, welches das Ambitionsniveau für jede Dimension zeigt. Beispielsweise könnte eine Controlling-Abteilung entscheiden, dass für die Dimension ‚Controlling-Organisation' lediglich das Ambitionsniveau besteht, einzelne Controlling-Mitarbeiter als Ansprechpartner mit Know-how in der Datenanalyse auszubilden, anstatt eine eigene Organisationseinheit (Data Lab) für die Datenanalyse aufzubauen. Somit ist die Maximalausprägung nicht für jede Dimension die jeweils beste Lösung, sondern vielmehr abhängig von den Rahmenbedingungen und dem Geschäftsmodell des Unternehmens. Ist das Zielbild mit den Ambitionsniveaus je Dimension formuliert, wird eine Digitalisierungs-Roadmap mit konkreten Maßnahmen zur Erreichung des Zielbilds aufgesetzt. Konkrete Maßnahmen zum Aufbau von Know-how in der Datenanalyse bei Controlling-Mitarbeitern sind z. B. gezielte Seminare oder die Einführung ausgewählter Tools.

Anders als bei Digital Newbies zeigt die Einordnung als **Digital Mainstream** ein Controlling, das bereits heute erkennbare Schritte in Richtung Digitalisierung gegangen ist. Der Digitalisierungsgrad des Controllings ist hierbei entweder auf allen Dimensionen gleichermaßen hoch oder – häufiger zu beobachten – auf einzelnen Dimension sehr hoch, während die Ausprägung in anderen einem Digital Newbie gleichen. So ist durchaus denkbar, dass einerseits eine dezidierte Cloud-Lösung mit Workflow-Unterstützung und Analytics-Funktionalitäten für zentrale Controlling-Prozesse im Einsatz ist, aber andererseits weder explizite Überlegungen zum Datenschutz für die Nutzung von Cloud-Lösungen, noch spezifisches Know-how in der Datenanalyse oder zur Nutzung von Analytics-Funktionalitäten aufgebaut wurde. Die Normstrategie für ein Controlling, das als Digital Mainstream eingestuft wird, umfasst daher zunächst den Abgleich des aktuell erreichten Ambitionsniveaus mit dem formulierten Zielbild. Hierbei ist durchaus vorstellbar, dass das erreichte Niveau der Digitalisierung als ausreichend eingestuft wird und einzelne Digitalisierungs-Dimensionen auch nicht weiter ausgeprägt werden sollen. Besitzt ein Unternehmen beispielsweise eine überschaubare (heterogene) Systemlandschaft und aufgrund seines Geschäftsmodells nur wenige Transaktions- und Kundendaten (z. B. Spezial-Maschinenbau) kann die Entwicklung hin zu einer homogenen Systemlandschaft mit zentraler Datenhaltung und umfangreichen Analysetools aus Kosten-Nutzung-Aspekten durchaus kritisch betrachtet werden.

Die Einstufung als **Digital Pioneer** repräsentiert ein Controlling, dessen Entwicklungsgrad im Bereich der Digitalisierung weit vorangeschritten ist. Ob Rollenmodell, Prozesse oder IT-Systeme, der Digital Pioneer weist in allen Dimensionen einen hohen bis sehr hohen Digitalisierungsgrad auf. Die Normstrategie für den Digital Pioneer umfasst im Kern das Aufrechterhalten des Status quo. Systeme, Analytics-Tools oder Cloud-Lösungen werden ständig weiterentwickelt und müssen auf dem aktuellsten Stand gehalten werden.

Fazit und Ausblick

Die Digitalisierung wird das Controlling als Unternehmensfunktion, wie wir sie heute kennen, auf vielfache Weise grundlegend verändern. Nicht nur die Rolle des Controllings wird sich dabei zu einem kaufmännischen Business Partner und Pathfinder entwickeln, der z. B. in Zusammenarbeit mit Data Scientists statistisch-validierte Prognosen über den Geschäftsverlauf erstellt. Auch klassische Controlling-Aufgaben werden Schritt für Schritt zu leistungsfähigen, lernenden IT-Systemen übergehen, die auch für KMUs kostengünstig über Cloud-Lösungen zugänglich sind. Zentrale Controlling-Prozesse wie das Reporting oder die Planung werden noch viel stärker von IT-Lösungen unterstützt und gesteuert als das heute schon der Fall ist, in Zukunft wohlmöglich vollständig. Das Controlling wird dabei zwar die Interpretations- und Deutungshoheit behalten, allerdings nur, wenn es die von Maschinen angewendete Datenanalytik auch selbst versteht.

Aus den vorgestellten Auswirkungen der Digitalisierung auf das Controlling ergeben sich eine Reihe von **Implikationen** für die **Unternehmenspraxis.** Erstens müssen Unternehmen akzeptieren, dass die Digitalisierung das Controlling verändern wird, egal ob sie das wollen oder nicht. Weiterzumachen wie bisher ist daher weder zielführend noch vielversprechend.

Zweitens sollten Unternehmen für sich die Frage beantworten, wie sie mit der Digitalisierung im Allgemeinen aber auch im Speziellen im Controlling umgehen wollen. Anstelle eines holistischen „Wir digitalisieren das gesamte Controlling"-Ansatzes sollten Unternehmen vielmehr ein Zielbild für die Digitalisierung des Controllings entwickelt, welches für ihre Größe, ihre Rahmenbedingungen (Geschäftsmodell, Prozesse etc.) und ihre Ambitionen passt. Welche Aufgaben und Kompetenzen sollen unsere Controller künftig haben? Für welche Aktivitäten und Prozesse ist eine Digitalisierung wirklich sinnvoll? Stimmt das Nutzen-Aufwand-Verhältnis? Und, brauchen wir neue IT-Lösungen für die digitale Transformation des Controllings oder können

C. Langmann, *Digitalisierung im Controlling,* essentials,
https://doi.org/10.1007/978-3-658-25017-1_5

wir bestehende Systeme weiternutzen? Antworten auf diese Fragen zu finden, heißt Antworten auf die Digitalisierung zu finden.

Drittens ist für eine erfolgreiche Digitalisierung des Controllings nicht nur die fachlich-logische, sondern insbesondere auch die emotional-menschliche Ebene entscheidend. Digitalisierung im Controlling bedeutet Veränderung, und Veränderungen werden von Betroffenen in der Regel erst mal skeptisch betrachtet. Nur mit einem klaren Zielbild, einer ambitionierten, aber machbaren Roadmap und einem durchgängigen Change Management gelingt die digitale Transformation des Controllings in der Unternehmenspraxis. Auf diese Weise lassen sich betroffene Controller für die digitale Transformation begeistern und rechtzeitig auf die anstehenden Veränderungen vorbereiten.

Was Sie aus diesem *essential* mitnehmen können

- Detaillierter Überblick über die Felder der Digitalisierung, die sich auf das Controlling auswirken
- Konkrete Fallbeispiele zu Einsatzmöglichkeiten von neuen Digitalisierungstechnologien in Controlling-Prozessen
- Kommende Veränderungen der Rolle, Organisation und IT im Controlling hervorgerufen durch die Digitalisierung
- Modell zur Selbstbestimmung des Reifegrads der Digitalisierung im Controlling

© Springer Fachmedien Wiesbaden GmbH, ein Teil von Springer Nature 2019
C. Langmann, *Digitalisierung im Controlling*, essentials,
https://doi.org/10.1007/978-3-658-25017-1

Literatur

Alpar P, Alt R, Bensberg F, Grob LH, Weimann P, Winter R (2016) Anwendungsorientierte Wirtschaftsinformatik – Strategische Planung, Entwicklung und Nutzung von Informationssystemen, 8 Aufl. Springer, Wiesbaden

Arbeitskreis Shared Services der Schmalenbach-Gesellschaft für Betriebswirtschaft e. V. (2017) Digitale Transformation und Leadership in Shared Service Organisationen. In: Krause S, Pellens B (Hrsg) Betriebswirtschaftliche Implikationen der digitalen Transformation. ZfbF-Sonderheft 72(17):29–48

Atkinson C (2011) Beyond bullet points – using Microsoft Powerpoint to create presentations that inform. Microsoft Press, Redmond

Backhaus K, Erichson B, Plinke W, Weiber R (2016) Multivariate Analysemethoden, 14 Aufl. Gabler, Berlin

Bamberg G, Baur F, Krapp M (2017) Statistik. 18 Aufl. De Gruyter Oldenbourg, Berlin

Bange C, Janoschek N, Bloemen J, Keller P, Derwisch S, Seidler L, Fuchs C, Tischler R, Grosser T, Iffert L (2018) BI trend monitor 2018. BARC-Anwenderstudie

Bange C, Eckerson W (2017) BI und Datenmanagement in der Cloud: Treiber, Nutzen und Herausforderungen. BARC-Anwenderstudie

Boston Consulting Group (2018) Ein Viertel der Unternehmen droht bei der Digitalisierung den Anschluss zu verlieren. https://www.bcg.com/de-de/d/press/21april2017-beyond-the-hype-152593. Zugegriffen: 27. Juni 2018

Chaea B, Yang C, Olson D, Sheua C (2014) The impact of advanced analytics and data accuracy on operational performance: a contingent Resource Based Theory (RBT) perspective. Decis Support Syst 59(2014):119–126

Daimler AG (2018) Berlin, Daimler Group Service Berlin GmbH. https://www.daimler.com/karriere/das-sind-wir/standorte/standort-detailseite-5075.html. Zugegriffen: 4. Juli 2018

Davenport TH, Patil DJ (2012) Data scientist: the sexiest job of the 21st century. Harvard Business Review. Oktober 2012. https://hbr.org/2012/10/data-scientist-the-sexiest-job-of-the-21st-century. Zugegriffen: 4. Juli 2018

Eberenz R, Behringer S (2016) Konzerncontrolling 2020: Entwicklungstendenzen und Herausforderungen. In: Gleich R, Grönke K, Kirchmann M, Leyk J (Hrsg) Konzerncontrolling 2020. Haufe Lexware, Freiburg, S 41–60

© Springer Fachmedien Wiesbaden GmbH, ein Teil von Springer Nature 2019
C. Langmann, *Digitalisierung im Controlling,* essentials,
https://doi.org/10.1007/978-3-658-25017-1

Eilers C (2016) SAP S/4HANA: Neue Fnktionen, Einsatzszenarien und Auswirkungen auf das Finanzberichtswesen. In: Gleich R, Grönke K, Kirchmann M, Leyk J (Hrsg) Konzerncontrolling 2020. Haufe Lexware, Freiburg, S 183–200

Esser J, Müller M (2007) Empirische Erkenntnisse zur Organisation des Controlling. In: Gleich R, Michel U (Hrsg) Organisation des Controlling. Haufe, Freiburg. S 33–54

FINANCE CFO PANEL (2017) CFOs sehen Trump kritisch. FINANCE CFO Panel: Umfrage Frühjahr 2017

Freese O, Mayer D (2018) „Predictive Analytics in Life Sciences" – Verbesserte Steuerung durch Predictive Sales Forecast. White Paper – Horváth & Partners, München

Gräf J, Isensee J, Kirchmann M, Leyk J (2013) KPI-Studie 2013 – Effektiver Einsatz von Kennzahlen im Management Reporting. Studie – Horváth & Partners. https://www.horvath-partners.com/fileadmin/horvath-partners.com/assets/05_Media_Center/PDFs/deutsch/KPI-Studie_2013_Impulspapier_v3.pdf. Zugegriffen: 16. Juli 2018

Grönke K, Glöckner A (2017) Digitale Finanzorganisation: Automatisierte Prozesse, veränderte Organisationsformen und Neuordnung der Rollen. In: Gleich R, Grönke K, Kirchmann M, Leyk J (Hrsg) Strategische Unternehmensführung mit Advanced Analytics. Haufe Lexware, Freiburg, S 149–166.

Grönke K, Heimel J (2014) Big Data im CFO-Bereich – empirische Erkenntnisse aus der CFO-Studie 2014. In: Gleich R, Grönke K, Kirchmann M, Leyk J (Hrsg) Controlling und Big Data. Haufe Lexware, Freiburg, S 123–140

Grönke K, Wenning A, Heim RN (2018) CFO-Studie 2018 – Chancen der Digitalisierung erkennen und die digitale Transformation der Finanzfunktion meistern. Studie – Horváth & Partners. Stuttgart. https://www.horvath-partners.com/fileadmin/horvath-partners.com/assets/05_Media_Center/PDFs/deutsch/180626_WP_CFO_Studie_B_g.pdf. Zugegriffen: 24. Nov. 2018

Halper F (2014) Predictive analytics for business advantage. TDWI Report. Renton

Haufe (2018) PC-Seminar – Predictive Analytics für Controller mit Open Source-Tools. https://www.haufe-akademie.de/41.77. Zugegriffen: 05. Juli 2018

Heim RN, Schmidt H, Pham Duc K-M (2017) Benchmarking als effektives Instrument zur Leistungssteigerung im Controlling. In: Gleich R, Losbichler H, Möller K, Tschandl M (Hrsg) Standards im Controlling. Haufe Lexware, Freiburg, S 191–207

Horváth P (2011) Controlling. 12 Aufl. Vahlen, München

Horváth P (2016) Predictive Analytics – Zukunftsweisendes Werkzeug des Controllers. 41. Congress der Controller, https://www.icv-controlling.com/fileadmin/Veranstaltungen/VA_Dateien/Congress_der_Controller/Vorträge_2016_Ha16refcc_/Horvath-Predictive_Analytics.pdf. Zugegriffen: 4. Juli 2018

Iffert L, Bange C, Mack M, Vitsenko J (2016) Advanced & Predictive Analytics – BARC-Anwenderstudie 2016

International Group of Controlling (2017) (Hrsg) Controlling-Prozessmodell 2.0: Leitfaden für die Beschreibung und Gestaltung von Controllingprozessen. 2 Aufl. Haufe Lexware, Freiburg

Internationaler Controller Verein (2016) Business Analytics – Der Weg zur datengetriebenen Unternehmenssteuerung. https://www.icv-controlling.com/fileadmin/Assets/Content/AK/Ideenwerkstatt/Dream_Car_Business_Analytics_DE.pdf. Zugegriffen: 19. Juni 2017

Isensee J (2017) Reporting 4.0: Management Reporting im digitalen Kontext. In: Klein A, Gräf J (Hrsg) Reporting and business intelligence, 3 Aufl. Haufe Lexware, Freiburg, S 23–40

Kampmann A (2017) Storytelling. Z erfolgsorient Unternehmenssteuer 29(5):46–48

Kirchberg A, Müller D (2016) Digitalisierung im Controlling: Einflussfaktoren, Standortbestimmung und Konsequenzen für die Controllerarbeit. In: Gleich R, Grönke K, Kirchmann M, Leyk J (Hrsg) Konzerncontrolling 2020. Haufe Lexware, Freiburg, S 79–98

König W, Pfaff D, Bernius S, Nauth C, Mages D, Schilhansl G (2015) E-Docs – Qualifizierter elektronischer Dokumentenaustausch zwischen Unternehmen und KMU sowie mit der öffentlichen Verwaltung am Beispiel Rechnungen. Verbundbericht im Rahmen des Vorhabens ‚Akzeptanz, Diffusions- und Standardisierungsfaktoren des elektronischen Rechnungsaustausches in Deutschland am Beispiel von KMUs und der öffentlichen Verwaltung'. Goethe Universität Frankfurt a. M.

Kotu V, Deshpande B (2014) Predictive analytics and data mining: concepts and practice with rapidminer. Morgan Kaufmann, Amsterdam

KPMG (2013) Shared Services für Controlling-Prozesse. Studie der KPMG und der Universität St. Gallen. https://assets.kpmg.com/content/dam/kpmg/pdf/2013/09/shared-services-controllingprozesse-neu-2013-kpmg.pdf. Zugegriffen: 24. Nov. 2018

KPMG (2014) Shared Services Center im Mittelstand. Studie der KPMG und der Universität Göttingen. https://www.google.de/url?sa=t&rct=j&q=&esrc=s&source=web&cd=3&cad=rja&uact=8&ved=2ahUKEwjYyZGt3u3eAhXDDuwKHVVrDG-gQFjACegQIBxAC&url=http%3A%2F%2Fjura-goettingen.de%2Fen%2Fstudie%253A%2Bshared%2Bservice%2Bcenter%2Bim%2Bmittelstand%2F486075.html&usg=AOvVaw21b0duF-jrgiobYw7kZ-_M. Zugegriffen: 24. Nov. 2018

Langmann C (2018) Predictive Analytics für Controller – einfache Anwendungen mit MS Excel. CM Controll Mag 2018(Juli/August):37–41

Lanquillon C, Mallow H (2015) Advanced Analytics mit Big Data. In: Dorschel J (Hrsg) Praxishandbuch Big Data. Gabler, Wiesbaden, S 55–89

Lichtblick SE (2018) Stellenanzeige für Controller. https://www.lichtblick.de/karriere/bewerben/stellenangebote/?yid=781&sid=pboku7negiqop3vgpq3uv3dik0. Zugegriffen: 4. Juli 2018

Michel U, Tobias S (2017) Was bedeutet die Digitalisierung für Controller? CM Controll Mag September/Oktober (2017):38–43

Möller K, Seefried J, Wirnsperger F (2017) Wie Controller zu Business-Partnern werden. Controll Manag Rev 61(2):64–67

Neugebauer A (2016) Typische Schwachstellen im Handel. In: Buttkus M, Neugebauer A, Kaland A (Hrsg) Controlling im Handel. 2 Aufl. Gabler, Wiesbaden, S 15–28

Nussbaumer Knaflic C (2015) Storytelling with data. Wiley, New Jersey

Pham Duc K-M, Langmann C (2011) Qualität entscheidet. Acquisa 2011(09): 64–65

Pham Duc K-M, Schmidt H (2013) Benchmarking als effektives Instrument zur Leistungssteigerung im Controlling. In: Gleich R (Hrsg) Controllingprozesse optimieren. Haufe Lexware, Freiburg, S 115–130

Schäffer U, Weber, J (2014) Controller als Business Partner – Fata Morgana oder die Zukunft der Controller? https://www.whu.edu/fakultaet-forschung/management-group/institut-fuer-management-und-controlling/top-thema/controller-as-business-partner/. Zugegriffen: 19. Juni 2017

Schäffer U, Weber J (2016) Die Digitalisierung wird das Controlling radikal verändern. Controll Manag Rev 60(6):8–15

Schmitt M (2014) Forecasting im Vertriebscontrolling. In: Klein A (Hrsg) Marketing- und Vertriebscontrolling: Grundlagen, Konzepte, Kennzahlen. Best Practice, Haufe Lexware, Freiburg, S 123–142

Schneider S (2018) Robotics im Reporting – Reiner Effizienztreiber oder auch Begeisterungsfaktor? Bericht von der Fachkonferenz Reporting & Analytics 2018 zum Vortrag von Daniel Turi, Leiter Finanzdatenmanagement der Allianz Suisse. https://www.haufe. de/controlling/controllerpraxis/robotics-im-reporting_112_462342.html. Zugegriffen: 7. Aug. 2018

Seefried J (2016) Kompetenzsteuerung im Controlling – Ein Vorgehensmodell auf Basis des AHP zur Entwicklung der Finance Business-Partner Funktion. Dissertation Universität St. Gallen, St. Gallen

Seufert A, Kruk K (2016) Digitale Transformation und Controlling – Herausforderungen und Implikationen dargestellt am Beispiel der BASF. In: Leyk J, Kirchmann M, Grönke K, Gleich R (Hrsg) Konzerncontrolling 2020. Haufe Lexware, Freiburg, S 141–164

Steiner H, Welcker P (2016) Wird der Controller zum Data Scientist? Controll Manag Rev Sonderh 1(2016):68–73

Tripathi AM (2018) Learning robotic process automation. Packt, Birmingham

Wolf T, Strohschen J-H (2018) Digitalisierung: Definition und Reife. Informatik-Spektrum 41(1):56–64

Printed in the United States
By Bookmasters